基于海绵城市的绿化技术
实践与评价

商侃侃　　[加] 万吉尔（Vincent Gilles）　胡永红　著

中国建筑工业出版社

图书在版编目（CIP）数据

基于海绵城市的绿化技术实践与评价 / 商侃侃，
（加）万吉尔（Vincent Gilles），胡永红著 . —
北京：中国建筑工业出版社，2021.6
ISBN 978-7-112-26032-4

Ⅰ.①基… Ⅱ.①商… ②万… ③胡… Ⅲ.①城市规
划—绿化规划—研究—中国 Ⅳ.① TU985.2

中国版本图书馆 CIP 数据核字（2021）第 057007 号

本书详细介绍了海绵城市的理论基础、建设架构和构建技术，系统分析了上海辰山植物园雨水管理和景观水体系统的规划设计、实施措施、水生态恢复效果和水环境维护质量，并提出了具体的提升建议。本书是国内首次从设计、建设、后评估和功能提升四个方面，系统阐述城市公园绿地低影响开发实践的专著，可供从事城镇生态建设、市政工程、园林绿化的技术和管理人员参考应用，也适用于大专院校相关专业的师生参阅。

The theoretical basis, construction framework and technologies of sponge city were detailing introduced in this book. The planning and design, implementation measures, water ecosystem restoration and water environment maintenance in rainwater management and landscape water system of Shanghai Chenshan Botanical Garden were systematically analyzed. And specific improvement suggestions were also been put forward. This book is the first monograph in China to systematically expounds the practice of low impact development of urban green space from four aspects of design, construction, post evaluation and function improvement. It can be used for reference by technical and management personnel engaged in urban ecological construction, municipal engineering, and landscape architecture, as well as for teachers and students of related discipline in institution of higher education.

责任编辑：滕云飞
责任校对：张惠雯

基于海绵城市的绿化技术实践与评价

商侃侃　[加]万吉尔（Vincent Gilles）　胡永红　著
＊
中国建筑工业出版社出版、发行（北京海淀三里河路9号）
各地新华书店、建筑书店经销
北京点击世代文化传媒有限公司制版
北京中科印刷有限公司印刷
＊
开本：889毫米×1194毫米　1/20　印张：10　字数：217千字
2021年7月第一版　2021年7月第一次印刷
定价：**68.00**元
ISBN 978-7-112-26032-4
　　　　（37624）

前 言

　　目前全球所面临的极端天气事件、气候变化、重大自然灾害、生物多样性减少、生态系统崩溃、水资源危机、传染病大规模传播等各种危机不断升级，预示着人类与自然的关系持续恶化，环境问题成为全人类共同的"噩梦"。面对危机，我们迫切需要创新的解决方案，重新审视人与自然的关系，从对自然资源的无序开发和利用转变到"尊重自然、顺应自然、保护自然"的生态文明的发展道路上，让自然做功，最大限度地发挥自然的力量。这也正是世界银行、国际自然保护联盟、世界自然基金委员会等组织联合发布"基于自然的解决方案"的初心。

　　快速城镇化加剧了城市不透水面的比例递增，打破了城市社会发展与自然生态进程的均衡态势，带来了水资源紧缺、水环境污染、水生态恶化、水安全缺乏保障等一系列问题。许多大中型城市屡遭暴雨而频现内涝灾害，引起污水横流、地表侵蚀、水体季节性或终年黑臭，成为制约我国城市生态系统健康、可持续发展的关键问题。为了从源头缓解城市内涝、削减城市径流污染等问题，从而达到节约水资源、保护和改善城市生态环境的目的，我国于21世纪初提出了建设中国特色海绵城市的思想。

　　海绵城市，是新一代城市雨洪管理概念，是指城市能够像海绵一样，在适应环境变化和应对雨水带来的自然灾害等方面具有良好的弹性。海绵城市建设就要有"海绵体"，它既包括河、湖、池塘等水系，也包括绿地、花园、可渗透路面这样的城市配套设施。城市建设将强调优先利用植草沟、雨水花园、下沉式绿地等绿色措施来组织排水；以"慢排缓释"和"源头分散控制"为主要规划设计理念，用绿地广场、绿色屋顶、人工沟渠、透水路面来抓住雨水，让其下渗和滞留；用河岸边的生态护岸、生物滤池来过滤雨污水、净化水体；收集、净化后的雨水，可以用于绿地浇灌、道路清洗、景观水体补充等。因此，城市绿地系统正是消纳、利用雨水资源的重要载体，也是城市中唯一具有生命力的基础设施。

上海辰山植物园为 21 世纪新成立的一个综合型植物园，位于上海市松江区佘山国家旅游度假区内，占地 207hm²，是上海"十一五"期间的一项重大生态工程。在设计上，充分尊重地域原有地形地貌演变发展的脉络，通过对汉字篆书"園"字的解构，形象地反映了植物园的空间结构。"園"字的外框是绿环，代表植物园的边界，限定了植物园的内外空间；"園"字外框内的三个部首，分别表达了植物园中的辰山、水系和植物三个重要组成部分，即园中有山有水有树，体现中国传统的造园特色，并反映了人与自然的和谐关系。整个园区设计和建设较早地实施了低影响开发的理念，着眼于长期可持续发展目标，为促进人与自然和谐共生提供了新样板。

由于建设前辰山植物园周围的水体均为劣Ⅴ类水，而设计水体面积达 20.2hm²，水体净化和水质维系成为植物园景观提升至关重要的难点。在上海市建委重点科研项目资助下，由上海辰山植物园、上海市市政工程设计研究总院、上海市园林（集团）公司等单位组成联合攻关团队，通过前期调查和研究，集成了景观水体修复及水质保障技术，构建了包含人工强化处理、生物强化处理、原位生态修复和雨水花园的辰山植物园封闭景观水体立体维护方案，对雨水管理、补充水系统、循环水系统和水体净化场进行了科学设计和建设。整个系统运行期间，在上海市绿化和市容管理局科技攻关项目资助下，于 2016 年至 2018 年对景观水体维护系统进行了成效评估，发现运行多年后，整个水生生态系统持续健康恢复和水体自净功能不断增强，保障了内部景观水体水质维持在地表水Ⅲ类水水平，并有针对性地提出了水质进一步提升的优化对策和措施。

基于此，本书以上海辰山植物园为例，从海绵城市的角度系统阐述了公园绿地的规划、设计、建设、后评估和提升对策，为城市公园绿地的低影响开发提供科学依据和技术支撑。第 1 章为海绵城市理论基础与关键技术，由商侃侃、胡永红撰写，系统阐述海绵城市理论基础、建设架构、构建技术以及公园绿地海绵化建设案例；第 2 章为公园绿地海绵城市规划与设计，由商侃侃、胡永红、卢峰等撰写，重点介绍了公园绿地海绵城市规划设计思路和方法；第 3 章为公园绿地海绵体构建技术与途径，由商侃侃、胡永红、张国威等撰写，重点介绍了公园绿地海绵体类型、构建技术和实施途径；第 4 章为公园绿地景观水体水生态恢复效果，由商侃侃、张国威、屠莉等撰写，评估了水生生态系统中生态驳岸、水生植物和水生动物的结构和功能恢复情况；第 5 章为公园绿地景观水体水环境质量评价，由商侃侃、张国威、倪田品等撰写，评价了水体沉积物和水质的环境质量；第6章为公园绿地海绵基础设施功能提升，由商侃侃、Gilles Vincent、倪田品等撰写，通过科学实验有针对性地提出了部分海绵基础设施功能提升的措施和策略。

书中绝大部分图片为著者所有，其他图片已经获得授权。本书所有文献都已经进行了适当的引用说明，符合我国著作权法的要求。如果发生引用不周的问题，请作者直接与著者联系，协商解决。

由于认知局限和时间仓促，错误之处在所难免，还望得到各位读者和专家的批评和指正。

商侃侃　胡永红
2021 年 1 月于上海辰山植物园

目　录

第1章 ‖
海绵城市理论基础与关键技术

1 海绵城市理论基础

1.1 提出背景

随着经济社会的快速发展,城镇化侵占了大量的森林、农田、湖泊、河流等自然生态系统,取而代之的是建筑物、构筑物及硬化地面,打破了城市社会发展与自然生态进程的均衡态势,增加了降雨频率和降雨量,形成了城市特有的"雨岛效应"。同时,由于原有疏松透气的地表被混凝土、沥青、砖石等坚硬密实的不透水层所覆盖,城市地表不透水面积的比例急剧增大,使得 70% ~ 80% 的降雨形成了径流,而仅有 20% ~ 30% 的雨水能够入渗地下。很多城市逢雨必涝、遇涝则瘫、城里看海、雨后即旱、旱涝急转、逢旱则干、热岛效应严重,带来了水资源紧缺、水环境污染、水生态恶化、水安全缺乏保障等一系列问题。

过去十年间,国内许多大中型城市屡遭暴雨而频现内涝灾害,如 2010 年的广州"5·7"暴雨,2011 年的南京"7·18"暴雨,2012 年的北京"7·21"特大暴雨,2015 年的长沙"4·7"暴雨,不断开启了城市的"看海"模式。据统计,从 2010 年以来,城市内涝基本覆盖所有 31 个省份,全国城市年均损失在千亿元以上,有 15 个省份的损失过百亿;内涝最严重的 2011 年,总计损失达到了惊人的 4000 亿元。同时,雨水和径流冲刷了城市的硬化地面,使含有大量污染物的初期雨水未经任何处理直接排放进入到河道中,加重了城市地表水及受纳水体的污染,造成城市水体出现季节性或终年的黑臭现象。因此,城市雨洪灾害和地表水污染管理成为制约我国城市生态系统健康、可持续发展的关键问题。

传统的依赖市政管网和灰色基础设施将雨水快速排出的思想已经不能满足现代城市雨水管理的需要。从有关规划编制来看,我国城市普遍缺少雨洪控制利用的专项规划,其内容仅在排水规划、防洪规划和环境保护规划中有所涉及,而且城市排水规划中也没有明确确立"雨水是资源,要先合理利用再排放"的指导思想。从有关建设现状来看,传统的城市排水基础设施采取工程管道的方式，这种依赖于钢筋混凝土的现代技术所建立起的保护模式，体现了西方工业革命时期人定胜天的思维方式。我国城市大部分老城区雨水管理采用的是合流制，因此在雨季存在如下问题：①当雨水径流大于管道设计流量时，地面会产生雨污混合水的漫溢；②溢流的雨污混合水未经处理直接排入水体，易对水体造成严重污染；③截留的雨污混合水增加了污水处理厂的冲击负荷，严重干扰了污水厂的稳定运行。另外，针对城市合流管网的雨污分流改造，也面临初期雨水的截留与处理、新增管位空间不足、改造资金难落实、改造期间交通拥堵等诸多技术和施工方面的难题。

为了从源头缓解城市内涝、削减城市径流污染、节约水资源、保护和改善城市生态环境，我国于 21 世纪初就提出了建设中国特色海绵城市的思路。期间，国家各部委及相关部门先后针对城市内涝、城市排水防涝、气候变化和低影响开发雨水系统构建等问题开展研究或制定相关政策。从 2001 年开始，住建部会同发改委组织开展了创建国家级节水型城市的工作，相继出台的《国务院关于实行最严格水资源管理制度的意见（国发〔2012〕3 号）》和《国务院关于加强城市基础设施建设的意见（国发〔2013〕36 号）》，都明确要求加快推进节水城市建设，将节水纳入城市人民政府的考核体系。2007 年，水利部启动《全国洪水风险图》的编制工作，根据城市降水地理时空分布不均匀、强度不均衡等特点，提出强化雨水收集与生态利用是符合可持续理念的生态工程，成为缓解城市内涝和恢复城市人工消纳雨水能力的关键。2012 年 4 月，在《2012 低碳城市与区域发展科技论坛》中，首次提出了"海绵城市"的概念，开始进入专家和政府部门的视线当中。2013 年 12 月，习近平总书记在《中央城镇化工作会议》的讲话中强调："提升城市排水系统时要优先考虑把有限的雨水留下来，优先考虑更多利用自然力量排水，建设自然存积、自然渗透、自然净化的海绵城市"。

2014 年 2 月，在《住房和城乡建设部城市建设司 2014 年工作要点》中也明确提出："督促各地加快雨污分流改造，提高城市排水防涝水平，大力推行低影响开发建设模式，加快研究建设海绵型城市的政策措施"，明确提出了"海绵型城市"的设想。同年 3 月，习近平总书记在中央财经领导小组第 5 次会议上提出了"节水优先、空间均衡、系统治理、两手发力"的新时期治水战略，再次强调了"建设海绵家园、海绵城市"。4 月，又在关于保障水安全的重要讲话中指出，要根据资源环境承载能力构建科学合理的城镇化布局；尽可能减少对自然的干扰和损害，节约集约利用土地、水、能源资源；解决城市缺

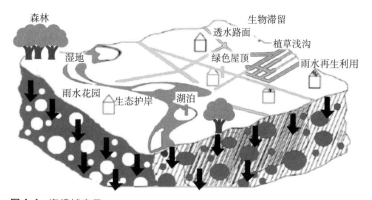

图1-1 海绵城市示意图(参考:住建部.海绵城市建设技术指南—低影响开发雨水系统构建（试行）[S]. 北京: 住房城乡建设部. 2014.)

水问题，必须顺应自然，建设自然积存、自然渗透、自然净化的"海绵城市"，多次强调了城市规划建设中要体现"山水林田湖草"生命共同体的理念。10月，住房和城乡建设部发布《海绵城市建设技术指南—低影响开发雨水系统构建》中提出了"海绵城市"的概念，定义为指城市能够像海绵一样，在适应环境变化和应对自然灾害等方面具有良好的"弹性"，下雨时吸水、蓄水、渗水、净水，需要时将蓄存的水"释放"并加以利用。根据《海绵城市建设技术指南—低影响开发雨水系统构建（试行）》指南[1]，城市建设将强调优先利用植草沟、雨水花园、下沉式绿地等绿色措施来组织排水；以"慢排缓释"和"源头分散控制"为主要规划设计理念，用绿地广场、绿色屋顶、人工沟渠、透水路面来抓住雨水，让其下渗和滞留；用河岸边的生态护岸、生物滤池来过滤雨污水、净化水体；收集、净化后的雨水，可以用于绿地浇灌、道路清洗、景观水体补充等，变"工程治水"为"生态治水"（图1-1）。

可见，我国官方文件明确提出了"海绵城市"，成为继"卫生城市""园林城市""森林城市""智慧城市""生态城市""低碳城市"等一系列政策引导的城市建设理念后出现的新概念。海绵城市是一种新型的排水防涝思想，利用海绵原理，通过推行低影响开发，构建雨水渗透型绿色基础设施，将雨水吸收并且积蓄，在需要的时候放出并加以利用，打造城市与水生态和谐的水循环系统。

1.2 理论基础

海绵城市模式突破了传统"以排为主"的城市雨水管理理念，通过渗、滞、蓄、净、用、排等多种生态化技术，构建低影响开发、具有自然循环的"绿色海绵"雨水系统，能够让城市"弹性适应"环境变化与自然灾害，并且不危及其中长期发展[2, 3]。传统城市建设模式，处处是硬化路面，每逢大雨依靠管渠、泵站等"灰色"设施来排水，以"快速排除"和"末端集中控制"为主要规划设计理念，往往造成逢雨必涝、旱涝急转的城市问题（图1-2）。

海绵城市概念是一种形象的表达，源自于行业内和学术界习惯借用"海绵"的物理特性来比喻城市的某种吸附功能，最早被澳大利亚人口研究学者布吉（Budge）用来隐喻城市对周边乡村人口的吸附现象。近年来，更多的学者是将海绵比作城市或土地的雨涝调蓄能力，使得"海绵城市""城市海绵""绿色海绵""海绵体"等这些非学术性概念也得到了学界的广泛应用。比较来看，海绵城市与国际上流行的城市雨洪管理理念与方法非常契合，较典型的有美国的最佳管理措施（Best Management Practices，BMPs）、低影响开发（Low Impact Development，LID）和绿色雨水基础设施（Green Stormwater Infrastructure，GSI），澳大利亚的水敏感城市设计（Water Sensitive Urban Design，WSUD）、英国的可持续排水系统（Sustainable Urban Drainage Systems，SUDS）以及新西兰的低影响城市设计和开发（Low Impact Urban Design and Development，LIUDD）等，这些概念都是将水资源的可持续利用、良性循环、内涝防治、污染防治、生态友好等作为综合目标。

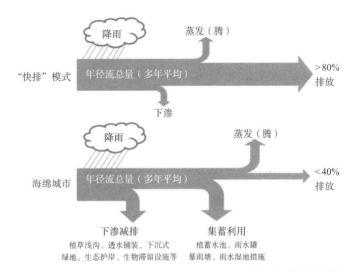

图1-2　海绵城市转变传统排洪防涝思路（参考：仇保兴. 海绵城市（LID）的内涵、途径与展望[J]. 给水排水，2015，51（3）：1-7.）

20 世纪 70 年代，美国提出的"最佳管理措施"最初主要用于控制城市和农村的面源污染，而后逐渐发展成为控制降雨径流水量和水质的生态可持续的综合性措施。在 BMPs 的基础上，20 世纪 90 年代末期，美国东部马里兰州的乔治王子县（Prince George's County）和西北地区的西雅图（Seattle）、波特兰市（Portland）共同提出了"低影响开发"理念。其初始原理是通过分散的、小规模的源头控制机制和设计技术，来达到控制暴雨所产生的径流和污染的目的，以减少开发行为活动对场地水文状况的冲击，是一种发展中的、以生态系统为基础的、从径流源头开始的暴雨管理方法。主要技术措施包括雨水花园、植被浅沟与缓冲带、绿色屋顶、透水铺装等，与传统的雨洪控制技术相比，低影响开发包含的技术措施更广泛，不仅包括结构性基础设施，还包括非结构性措施 [5]（表 1-1）。低影响开发技术是海绵城市的主要技术理论，既适用于新城开发，也适用于旧城改造，具有广泛的推广前景和潜在的应用市场。

低影响开发技术体系 表 1-1

功能措施	技术方法
保护性设计	限制路面宽度、集中开发、保护开放空间、改造车道等
渗透	绿色街道、渗透池（坑）、渗透性铺设、绿地渗透等
径流蓄存	蓄水池、雨水桶、下凹式绿地、调节池等
过滤	人工滤池、植被滤槽、植被过滤带、雨水花园等
生物滞留	绿色屋顶、植被浅沟、植草洼地、植草沟渠等
低影响景观	种植本土植物、更新林木、改良土壤等

1999 年，美国可持续发展委员会提出"绿色基础设施"的理念，即空间上由网络中心、连接廊道和小型场地组成的天然与人工化绿色空间网络系统，通过模仿自然的进程来蓄积、延滞、渗透、蒸腾并重新利用雨水径流，削减城市灰色基础设施的负荷。根据美国波特兰大学"无限绿色屋顶小组"（Greenroofs unlimited）对占地 723 英亩（约 292hm^2）的波特兰商业区的分析，将 1/3 商业区屋顶空间修建成绿色屋顶就可截留 60% 的降雨，每年可滞留约 6700 万加仑（约 25 万 m^3）的雨水，减少溢流量的 11% ~ 15%。澳大利亚的研究提出了城市洪水、供水、排水、污水、雨水利用和中水回用系统治理的水资源综合管理软件系统工具包（IWM Toolkit），在悉尼波特尼（Botany）地区应用后，通过模型计算和优化分析，市政供水需求可减少 55%，污水向河流排放量可减少 80%，实现节水减排防洪的综合目标，促进了悉尼的水环境改善。

2 海绵城市建设架构

2.1 目标内容

2015 年 10 月 11 日，国务院发布关于推进海绵城市建设的指导意见，提出海绵城市建设的工作目标：通过海绵城市建设，将 70% 的降雨就地消纳和利用，到 2020 年，城市建成区 20% 以上的面积要达到海绵城市目标要求；到 2030 年，城市建成区 80% 以上的面积要达到目标要求。

海绵城市建设要统筹低影响开发雨水系统、城市雨水管渠系统及超标雨水径流排放系统。低影响开发雨水系统可以通过对雨水的渗透、储存、调节、转输与截污净化等功能，有效控制径流总量、径流峰值和径流污染。城市雨水管渠系统即传统排水系统，应与低影响开发雨水系统共同组织径流雨水的收集、转输与排放。超标雨水径流排放系统，用来应对超过雨水管渠系统设计标准的雨水径流，一般通过综合选择自然水体、多功能调蓄水体、行泄通道、调蓄池、深层隧道等自然途径或人工设施构建（图 1-3）。

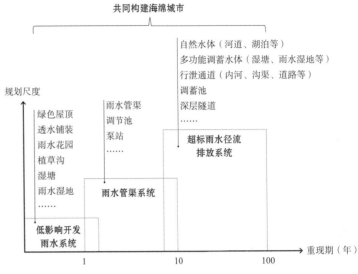

图 1-3　海绵城市构建体系（参考：车伍，赵杨，李俊奇，等. 海绵城市建设指南解读之基本概念与综合目标 [J]. 中国给水排水，2015, 31（8）: 1-5.）

2.2　建设途径

海绵城市建设应遵循生态优先原则，将自然途径与人工措施相结合，在确保城市排水防涝安全的前提下，最大限度地实现雨水在城市区域的积存、渗透和净化，促进雨水资源的利用和生态环境保护。在海绵城市建设过程中，应统筹自然降水、地表水和地下水的系统性，协调给水、排水等水循环利用各环节，并考虑其复杂性和长期性。建设主要有以下几方面：

一是对城市原有生态系统的保护。一般来说，城市周边的生态斑块按地貌特征可以分为三类：第一类是森林草甸；第二类是河流湖泊和湿地或水源的涵养区；第三类是农田和原野。按功能来划分可将其分为重要生物栖息地、珍稀动植物保护区、自然遗产及景观资源分布区、地质灾害风险识别区和水资源保护区等。最大限度地保护原有的河流、湖泊、湿地、坑塘、沟渠等水生态敏感区，留有足够涵养水源、应对较大强度降雨的林地、草地、湖泊、湿地，维持城市开发前的自然水文特征，这是海绵城市建设的基本要求。凡是对地表径流量产生重大影响的自然斑块和自然水系，均可纳入水资源生态斑块，对水文影响最大的斑块需要严加识别和保护。要保障区域水生态系统的保护与修复，识别和重构重要的生态斑块，把城市周边的自然山体等作为一个水源涵养地，与大地水涵养功能结合在一起，形成绿色的底版。

划定全规划区的蓝线与绿线，建立、健全河道治理、岸线利用与保护相结合的机制。河道蓝线管理范围内的土地划定为规划保留区，严格实行新上项目报审制度，确需建设项目应当按照基本建设程序报请水利、规划等部门批准。在蓝线范围内，不符合岸线控制利用和保护管理规划的一切行为都应依法查处。不符合蓝线规划要求，影响防洪抢险、除涝排水、引洪畅通、水环境保护及河道景观效果的建筑物、构筑物及其他设施应当限期整改或者予以拆除。

二是低影响开发与设计。低影响开发雨水系统构建需统筹协调城市开发建设各个环节。在城市各层级、各相关规划中均应遵循低影响开发理念，明确低影响开发控制目标，结合城市开发区域或项目特点确定相应的规划控制指标，落实低影响开发设施建设的主要内容。要强调自然水文条件的保护、自然斑块的利用、紧凑式的开放等方略，必须因地制宜确定城市年径流总量控制率等控制目标，明确低影响开发有关要求和内容纳入城市水系统、绿地系统、道路交通等基础设施专项规划。其中，城市水系统规划涉及供水、节水、污水（再生利用）、排水（防涝）、蓝线等要素；城市绿地系统规划应在满足绿地生态、景观、游憩等基本功能的前提下，合理地预留空间，并为丰富生物种类创造条件，对绿地自身及周边硬化区域的雨水径流进行渗透、调蓄、净化，并与城市雨水管渠系统、超标雨水径流排放系统相衔接。道路交通专项规划要协调道路红线内外用地空间布局与竖向设计，利用不同等级道路的绿化带、车行道、人行道和停车场建设雨水滞留渗设施，实现道路低影响开发的控制目标。

三是生态恢复和修复。对传统粗放式城市建设模式下，已经受到破坏的水体和其他自然环境，运用生态的手段进行恢复和修复，并维持一定比例的生态空间。通过分别对各斑块与廊道进行综合评价与优化，使分散的、破碎的斑块有机地联系在一起，成为更具规模和多样性的生物栖息地和水生态水资源涵养区，为生物迁移、水资源调节提供必要的通道与网络。这涉及水文条件的保持和水的循环利用，尤其是调峰技术和污染控制技术。立足于净化原有的水体，通过截污、底泥疏浚构建人工湿地、生态砌岸和培育水生物种等技术手段，将劣 V 类水提升到具有一定自净能力的 VI 类水水平，或将 VI 类水提升到 III 类水水平。

对于绿地、森林等雨水调控功能性强的斑块、水体面积和体积及水质予以修复，其主要途径是通过生态红线、绿线划定、截污、底泥疏浚，构建人工湿地、生态驳岸等技术手段，将被破坏的水环境逐步恢复。

3 海绵城市构建技术

海绵城市通过"渗、滞、蓄、净、用、排"等多种技术途径，实现城市良性水文循环，提高对径流雨水的渗透、调蓄、净化、利用和排放能力，维持或恢复城市的海绵功能，其构建技术按主要功能一般可分为渗透技术、滞留技术、调蓄技术、净化技术和排用技术等几类（表1-2）。各类技术又包含若干不同形式的低影响开发设施，主要有透水砖铺装、透水混凝土铺装、绿色建筑、植物冠层截留、下沉式绿地、生物滞留设施、植草沟、渗透塘、渗井、蓄水池、雨水罐、湿塘、雨水湿地、隐形蓄水系统、调节塘/池、渗管/渠、植被缓冲带、初期雨水弃流设施、人工土壤渗滤、人工湿地系统、水生食物链/网等。

海绵城市构建技术选用一览表　　　　表1-2

技术类型	单项设施	用地类型			
		建筑与小区	城市道路	绿地广场	城市水系
渗透技术	透水砖铺装	◉	◉	◉	▲
	透水混凝土	▲	▲	▲	▲
	绿色建筑	◉	△	△	△
滞留技术	植物冠层滞留	◉	◉	◉	▲
	下沉式绿地	◉	◉	◉	▲
	生物滞留设施	◉	◉	◉/▲	▲
	植草沟	◉	◉	◉	▲
	渗透塘	◉	▲	◉	△
	渗井	◉	▲	◉	△

技术类型	单项设施	用地类型			
		建筑与小区	城市道路	绿地广场	城市水系
调蓄技术	蓄水池	▲	△	▲	▲
	雨水罐	◉	△	△	△
	湿塘	◉	▲	◉	◉
	雨水湿地	◉	◉	◉	◉
	隐形蓄水系统	◉	◉	◉	△
	调节塘/池	◉	▲	◉	▲
	渗管/渠	◉	◉	◉	△
净化技术	植被缓冲带	◉	◉	◉	◉
	初期雨水弃流设施	◉	▲	▲	△
	人工土壤渗滤	▲	△	▲	▲
	人工湿地系统	▲	▲	▲	◉
	水生食物链/网	△	△	△	◉

◉宜选用；▲可选用；△不宜选用。

　　各项技术在实际应用中，应根据不同区域的地质地貌、水文水利和水资源利用等特点及相关技术的经济分析，按照因地制宜和经济高效的原则选择低影响开发技术及其组合系统，最大限度地发挥海绵城市构建技术。

3.1　渗透技术

　　渗透技术是改变地面材料或结构使其能够让雨水透过自身的孔隙或结构，下渗至场地内部，直接减少地表径流的工程性措施。可渗透下垫面可有效降低不透水面积，增加雨水下渗能力，同时材料或结构具有一定的过滤净化作用，如透水景观铺装、透水道路铺装和绿色建筑等，适用于停车场、人行道、自行车道等交通负荷较低的地方。透水铺装系统作为生态排水设施，可将降雨渗透率由硬化路面的 10% ~ 15% 增加到 75% 以上，大大降低地面径流量，削减洪峰，避免大暴雨或连续降雨造成城市洪涝灾害[7]。

3.1.1 透水景观铺装

传统的城市开发中无论是市政公共区域景观铺装还是居住区景观铺装，设计时多采用透水性差的材料，如沥青混凝土、水泥混凝土、花岗岩、瓷砖等，改变了自然土壤及垫层的渗透性，使80%的降水从地面流失，切断了降水补充地下水而造成城市地下水位下降。透水景观铺装通过一系列与外部空气相通的多孔结构透水材料铺装或斑块状铺装可以实现雨水入渗，或通过水渠和沟槽将雨水引流至滞留设施。按照材料不同可分为透水砖、透水混凝土和透水沥青铺装，嵌草砖、园林铺装中的鹅卵石、碎石铺装等也属于渗透铺装（图1-4）。

透水砖铺装和透水水泥铺装主要适用于广场、停车场、人行道以及车流量和荷载较小的道路，如建筑与小区道路、市政道路的非机动车道等，透水沥青路面还可用于机动车道。有研究表明，透水铺装的径流削减能力一般在40%～90%，洪峰削减能力在20%～80%[8]。如 Hunt 等[9]（2002）在一个透水停车场的研究表明降雨中的75%被多孔介质截留，另外的25%形成径流。而 Dreelin 等[10]（2006）研究发现在降雨量和降雨强度都较小的情况下，透水路面停车场的径流量比沥青路面少90%以上。

3.1.2 透水道路铺装

传统城市开发建设中，道路占据了城市建成区面积的10%～25%，而传统沥青、水泥等材料常致雨水不能下渗。海绵城市建设要求将园区道路、居住区道路、停车场铺装材料改为透水混凝土（图1-5），加大雨水渗透量，减少地表径流，渗透雨水储蓄在地下储蓄池内经净化排入河道或补给地下水。

大量研究表明，与传统的沥青硬化道路相比，透水铺装系统可以更有效地减少径流峰值和延长径流排放时间，并使蒸发和表面水溅显著减少[11]。Bean 等[12]（2007）监测卡罗莱纳州的东南部透水路面，当降雨事件达到80mm时，透水铺装系统没有产生表面径流。

图1-4 透水景观铺装实景（著者拍摄）

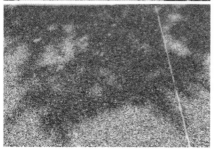

图1-5 透水道路铺装实景图（著者拍摄）

Collins 等 [13]（2008）监测北卡罗莱纳州东部透水联锁铺装和透水网格的地表径流情况，发现 2 种透水铺装系统可以储存 6mm 的降雨而不产生径流，即储存体积约占到中等降雨量的 30%。

3.1.3　绿色屋顶

　　海绵城市建设措施不仅在于地面，屋顶和屋面雨水处理也同样重要。绿色屋顶是铺以种植土或设置容器种植植物的建筑屋面或地下建筑顶板，也称种植屋面、屋顶绿化等（图 1-6）。根据种植基质深度和景观复杂程度，绿色屋顶又分为简单式、花园式和组合式，而基质深度根据植物需求及屋顶荷载确定，简单式绿色屋顶的基质深度一般不大于 150mm，花园式绿色屋顶在种植乔木时基质深度可超过 600mm。对于不适用绿色屋顶的屋面，也可以通过排水沟、雨水链等方式收集引导雨水进行贮蓄或下渗。

图 1-6　绿色屋顶系统实景图（著者拍摄）

　　研究表明，在不同地区、不同降雨条件下，绿色屋顶能够持蓄 35.5% ~ 100% 的降雨。绿色屋顶对雨水的滞留是通过介质的储存和植物的蒸发共同实现的，夏天一般可滞留 70% ~ 90% 的降雨，冬季可滞留 25% ~ 40% 的降雨。上海市针对建筑与小区和绿地系统，提出新建、改建公共建筑的绿色屋顶率不低于 30%，而对于满足条件的新建住宅、工业仓储建筑的绿色屋顶率则为鼓励性指标；绿地系统中的则要求满足条件的新建、改建建筑的绿色屋顶率不低于 50%[14]。

3.2　滞留技术

滞留技术是通过材料或者结构在降雨过程中减缓雨水形成径流的过程和速率，增加雨水汇集的面积来达到延缓径流的目的，如植物冠层截留、生态滞留区、雨水花园、植草沟、雨水塘、雨水湿地等。

3.2.1　植物冠层截留

林冠截留整个过程被分为截留、透过和饱和三个阶段，没有到达地表的这部分水分被称为林冠截留量（包括林冠吸附量和整个降水过程中吸附水的蒸发两个部分），林木冠层对雨水截留的影响主要受到林分本身特点和环境因素的共同作用。通常认为，各类森林冠层平均值雨水截留率为 10% ~ 40%，且针叶林 > 阔叶林、常绿林 > 落叶林、复层异龄林 > 单层林。例如，温带针叶林雨水截留率为 20% ~ 40%、寒温带林针叶为 20% ~ 30%、热带雨林为 71%、落叶阔叶林为 19%[8]。

对整株树木而言，不同降雨强度下每个种树的截留速率和截留能力不同。对于同一种树体来说，雨强越大，树体本身达到稳定截留时间就越短。在同种雨强作用下，整株树的截留能力顺序为栓皮栎（*Quercus variabilis*）> 五角枫（*Acer elegantulum*）> 侧柏（*Platycladus orientalis*）> 油松（*Pinus tabuliforrnis*）> 黄栌（*Cotinus coggygria*）> 白皮松（*Pinus bungeana*），各层树叶的截留能力顺序大致为中层 > 上层 > 下层[15]。

3.2.2　生物滞留设施

生物滞留设施指在低洼区域，通过植物、土壤和微生物系统蓄渗、净化径流雨水，削减径流总量和峰值的设施。强降雨过程中来自不透水面的雨水流入生物滞留区，经土壤、微生物、植物的一系列作用实现雨洪滞蓄和水质处理。该技术将雨水管理技术与景观设计相结合，在滞留雨水的同时又可提供景观价值。

生物滞留设施分为简易型和复杂型，其典型构造如图 1-7 所示。按设施结构、建造位置和适用范围，也可以分为雨水花园、生物滞留带、高位花坛、生态树池等。生物滞留设施结构可以分为蓄水层、覆盖层、换土层、透水土工布层和砾石层，各层功能及其适用性、优缺点如表 1-3 所示，适用于小区、停车场、城市道路绿化带等绿地，能有效控制小降雨事件及处理暴雨初期雨水。

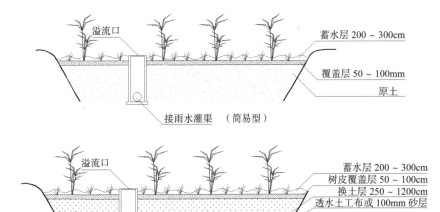

图 1-7 简易型与复杂型生物滞留设施典型结构（参考：住建部. 海绵城市建设技术指南—低影响开发雨水系统构建（试行）[S]. 北京：住房和城乡建设部. 2014.）

蓄水层 200～300cm
覆盖层 50～100mm
原土
接雨水灌渠 （简易型）
溢流口

溢流口
蓄水层 200～300cm
树皮覆盖层 50～100cm
换土层 250～1200cm
透水土工布或 100mm 砂层
穿孔排水管 DN100～150
砾石层 250～300mm
防渗膜（可选）
接雨水灌渠 （复杂型）

生物滞留设施构成   表 1-3

结构	功能	适用性	优点	缺点
蓄水层	承接、预处理、存储雨水，大颗粒物会沉淀或附着在此层	适用于小区、停车场、城市道路绿化带等，能有效控制小降雨事件及处理暴雨初期雨水	形式多样、适用范围广、易与景观结合，径流控制效果好，建设维护费用低	地下水位与岩石层较高、土壤渗透性能差、地形较陡的地区，应采取换土、防渗等措施，避免发生次生灾害，增加建设费用
覆盖层	吸附和截流雨水径流中大多数重金属及部分有机污染物，为微生物生长提供载体；保证根系含水率及防止土壤侵蚀			
换土层（种植层和填料层）	为植物、微生物生长提供营养物；通过填料的吸附和过滤、植物根系吸附及微生物降解，去除污染物质			
透水土工布或砂层	防止换土层介质进入砾石层，同时过滤净化雨水中的杂质			
砾石层	储存部分入渗雨水和排水作用；可在其底部埋设穿孔排水管，碎石层有效保护穿孔排水管，并防止穿孔管堵塞			

3.2.3 雨水花园

　　雨水花园是一种生态型的雨洪控制与利用设施，是将雨水收集和初步净化过程进行一体化规划，形成收集、净化和造景功能三位一体的水景。雨水花园造景系统除滞留雨水、减少径流和雨水收集的生产性再利用（如绿地浇灌、冲洗道路或厕所）外，其非生产性的造景与生态功能也是非常重要的，即通过雨水造景（兼排水系统），减轻市政雨水系统的负担，完成地下水的补给，平衡区域水量的蒸发与降落，调节城市局部小气候，改善局部环境的微循环。

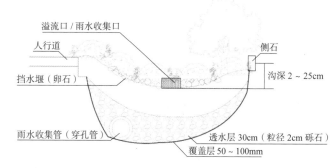

图 1-8　雨水花园结构示意图

　　典型的雨水花园土层主要由 5 部分组成，分别是蓄水层、覆盖层、种植土层、砂层以及砾石层，具体结构见图 1-8。蓄水层能暂时滞留雨水，同时起到沉淀作用。覆盖层一般用 3cm ~ 5cm 厚的树皮或是细石，它能保持土壤的湿度，避免土壤板结而导致土壤渗透性能下降。种植土层栽植植物，通过植物的根系能够起到较好的过滤与吸附作用。在种植土层与砾石层之间加有一层沙，目的是防止土壤颗粒进入砾石层而引起穿孔管的堵塞，同时也起到通气的作用。在砾石层中埋有直径 100mm 的穿孔管，经过渗滤的雨水由穿孔管收集进入其他排水系统。

　　在雨水花园的顶部还设有溢流口，通过溢流管将过多的雨水排入其他的排水系统。雨水花园的深度一般指蓄水层的深度，其数值一般在 7.5cm ~ 20cm 之间，不宜过浅或过深。雨水花园的深度与场地的坡度有一定的关系，应当小于 12%。坡度越缓，雨水花园的深度就相对越浅。一般来说，坡度小于 4%，深度 10cm 左右比较合适；坡度在 5% ~ 8% 之间，深度 15cm 左右；坡度在 9% ~ 12% 之间，则雨水花园的深度可以达到 20cm。当然，还应该根据土壤条件进行相应调整，对于渗透性稍差的土壤来说，深度可以适当减少。

3.2.4　植草沟

　　植草沟是指种植植被的景观性地表沟渠排水系统，地表径流以较低的流速经植草沟滞留，通过植物过滤和渗透的作用，雨水径流中的多数悬浮颗粒污染物和部分溶解态污染物得以有效去除。植草沟适用于建筑与小区内道路，广场、停车场等不透水面的周边，城市道路及城市绿地等区域，取代传统的排水管道，降低了管道错接和混接问题带来的污染（图 1-9）。

　　根据地表径流在植草地沟中的传输方式，植草沟分为 3 种类型：标准传输植草沟（Standard Conveyance Swales）、干植草沟（Dry Swales）和湿植草沟（Wet Swales）。标准

图1-9 植草沟实景
（著者拍摄）

传输植草沟是指开阔的浅植物型沟渠，它将集水区中的径流引导和传输到其他地表水处理设施，一般应用于高速公路的排水系统，在径流量小及人口密度较低的居住区、工业区或商业区，可以代替路边的排水沟或雨水管道系统。干植草沟是指开阔的、覆盖着植被的水流输送渠道，它在设计中包括了由人工改造土壤所组成的过滤层，以及过滤层底部铺设的地下排水系统，设计强化了雨水的传输、过滤、渗透和持留能力，从而保证雨水能在水力停留时间内从沟渠排干，最适用于居住区。湿植草沟与标准传输沟系统类似，但设计为沟渠型的湿地处理系统，该系统长期保持潮湿状态，一般用于高速公路的排水系统，也用于过滤来自小型停车场或屋顶的雨水，不适用于居住区。

当降雨径流流经植草沟时，经沉淀、过滤、渗透、持留及生物降解等共同作用，径流中的污染物被去除，目前已经建立了一些植草沟模型与示范工程，为效率预测和功能评价提供了良好的依据。不同类型的植草沟对污染物的去除效率存在差异，但均可以有效地减少悬浮固体颗粒、有机污染物和金属（表1-4）。干植草沟对污染物的去除效率明显高于标准传输植草沟。湿植草沟有溶解性磷的释放。三种植草沟对细菌的输出原因不明确，目前对其解释一种可能是植草沟的环境有利于细菌的繁殖；另一种可能需要考虑细菌的其他来源，如植草沟附近有饲养宠物的活动。植草沟建设成本低，水质处理效果较好，容易纳入景观美化，可成为控制城市面源污染的有效途径之一。但目前研究来看还存在一些不足：植草沟收集输送的雨水流量较小，其设计比传统的雨水管道对地形和坡度的要求高，需要更多地与道路景观设计相协调，并且需要相应的维护和管理。如果设计或维护不当，会造成侵蚀，导致水土流失。

植草沟对径流污染物的去除效率（来源：刘燕等[17]，2008）			表 1-4
指标	标准传输植草沟（%）	干植草沟（%）	湿植草沟（%）
TSS	68	93	74
总磷	29	83	28
溶解性 P	40	70	−31
总氮	N/D	92	40
NOxb（硝酸氮，亚硝酸氮）	−25	70	31
Cu	42	70	11
Zn	45	86	33
细菌	—	—	—

注：N/D：未描述（not described）。

3.3 调蓄技术

从 20 世纪 90 年代开始，越来越多的国家和学者认识到雨水调蓄和综合利用在雨洪管理中的重要作用和意义，开始探索和应用新的雨洪管理理念进行雨水的统筹管理调度和资源化利用，并通过灵活多样的工艺措施储蓄、处理和利用雨水，缓解现有雨水管道的压力，同时减轻对城市地表水和地下水的污染。雨水调蓄技术也从传统的、功能单一的雨水调节池发展为多功能调蓄设施，充分体现可持续发展的思想，以调蓄暴雨峰值流量为核心，把排洪减涝、雨洪利用与城市的景观、生态环境和其他一些社会功能更好地结合起来。

多功能雨水调蓄池从功能上可以分为三大类：一是利用低凹地、池塘、湿地、人工池塘等收集调蓄雨水。二是将其建成与市民生活相关的设施，如利用凹地建成城市小公园、绿地、停车场、网球场、儿童游乐场和市民休闲锻炼场所等，这些场所的底部一般都采用透水材料，当暴雨来临时可以暂时将高峰流量储存其中，作为一种渗透塘。暴雨过后，雨水积蓄下渗或外排，并且设计在一定时间（如 48h 或更短的时间）内完全放空。三是在地下建设大口径的雨水调蓄管网。

3.3.1 雨水塘

作为雨水管理中非常重要的技术措施之一，雨水塘在许多国家得到了广泛的应用，并在雨水径流控制方面取得了良好的效果。雨水塘是渗水洼塘，即利用天然或人工修筑的池塘或洼地进行雨水渗透，补给地下水，雨水塘能有效地削减径流峰值。塘体、入水口和出水口是雨水塘最基本的构成部分，此外大型雨水塘有时还设有溢洪道（图 1-10）。出水口作为雨水塘的重要构成部分，决定着雨水塘的水位、容积与外排流量，实际应用中多采用立管式、涵管式、溢流堰式，尤以立管式应用最广泛。但雨水塘护坡需要种植耐湿植物，若雨水塘较深（超过 60cm），护坡周边就要种植低矮灌木，形成低矮绿篱，消除安全隐患。同时整个雨水塘系统还要形成微循环才能防止水体腐坏。

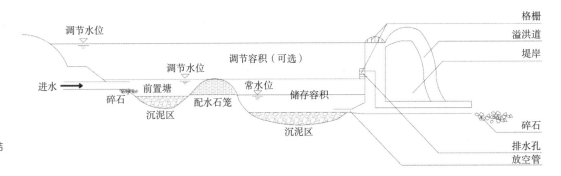

图 1-10 雨 水 塘 结 构图

为实现河道侵蚀、漫滩洪水和极端暴雨控制目标，一般雨水塘的外排峰值流量分别不应超过土地开发前，重现期为（1 ~ 2）年、（2 ~ 10）年及 100 年 24h 降雨的峰值流量。在工程中按控制目标的不同，雨水塘可分为调节塘、延时调节塘和滞留塘，不同类型雨水塘控制目标如表 1-5 所示。调节塘（Detention Pond）通过对径流雨水暂时性的储存，达到削减峰值流量、延迟峰现时间的作用，放空时间大多小于 24h，一般不具备改善水质的功能；延时调节塘（Extended Detention Pond）在雨水调节塘的基础上进行改进，增加雨水在塘内的水力停留时间，提高了雨水中颗粒物的沉淀效率，提升了出流水质，放空时间一般为 24h ~ 72h。滞留塘（Retention Pond）不但具有调节塘的功能，且在全年或者较长时间内具有常水位，设置常水位一方面增加了雨水塘的景观、娱乐价值，更重要的是为雨水净化程度的提高提供了适宜的环境和场所。

3.3.2 绿地隐形蓄水系统

绿地隐形蓄水系统是针对目前城市建设中普遍存在重排水、轻蓄水而造成天然雨水

项目	功能					多级出水口					
	水质改善	河道侵蚀控制	漫滩洪水控制	常水位	极端暴雨控制	水质控制容积出水口	河道侵蚀保护容积出水口	漫滩洪水保护容积出水口	极端暴雨控制容积出水口	底部防控	外排管
调节塘	×	△	√	×	△	×	△	√	√	常开	√
延时调节塘	√	△	√	×	△	√	△	√	√	常开	√
滞留塘	√	△	√	√	△	√	△		√	常关	√

三种雨水塘的功能及多级出水口设置对比（来源：李俊奇等[18]，2014） 表1-5

√有，×无，△选用

大量流失、自来水大量消耗、资源和能源大量浪费的现状而提出的一种新型蓄水模式。它是指在城市绿地范围内为了增加土壤和地下水含量，结合微地形改造和园林给排水工程而修建的一个地下蓄水系统；一般利用如废砖、水泥块和砂卵石等砌筑或堆积于地下而建成的蓄渗坑和渗水盲沟，相互连通共同构成一个完整的地下蓄水系统，主要可分为洼地纳水口、地下渗蓄坑、渗水盲沟、低处出水口和高地蓄水池等5个部分[19]，具体结构由纳水口、滤网、种植土、渗水层、透水管、碎石等构成（图1-11）。

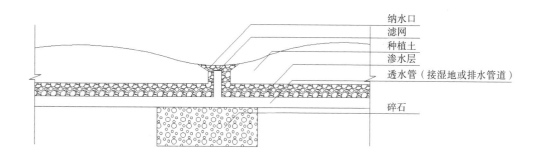

纳水口
滤网
种植土
渗水层
透水管（接湿地或排水管道）
碎石

图1-11 城市绿地隐形蓄水系统剖面结构示意图

纳水口设在汇水洼地的低处，汇水洼地中收集的雨水由此进入地下蓄水系统。纳水口由通往地下的管道、滤网和透水材料构成，管道可为水泥管、透水管或由红砖砌成。纳水口管道的大小以能及时将地表径流引入地下为宜，滤网起防止大的固体物进入而阻塞地下管道的作用，可采用铸铁栅或不锈钢网，系统使用后应及时清除网上阻隔物，以确保地表径流顺利进入地下。纳水口处的透水材料采用卵石，成滩地形态铺于滤网的上面，形成渗水层，起到扩大渗水面积的作用。

地下渗蓄坑一般设于种植土层以下，主要用于蓄积过量的地表雨水，以保持土壤的持水率。相对地势较高的地下渗蓄坑有利于提高地势较低之处的地下水位，可作为低洼湿地的天然地下水源。地下渗蓄坑中填充渗水材料，渗水材料可采用建筑垃圾，填埋时尽可能保留大的孔隙度，以扩大坑内即时蓄水量。地下渗蓄坑的数量和大小依绿地和周围的汇水面积的大小而定，可以一次性蓄积 100mm ~ 200mm 暴雨量作为标准设计。

渗水盲沟是连接洼地纳水口、地下渗蓄坑和低处出水口的径流通道，一方面流经盲沟的水可向盲沟周围土壤渗透，另一方面盲沟也可接纳土壤重力水，然后经盲沟进入地渗蓄坑。渗水盲沟由透水管和渗水材料组成，渗水材料包裹透水管，厚度为 15cm ~ 20cm，渗水材料可采用卵石或较碎的硬质建筑垃圾。渗水盲沟离地表的深度一般不低于 40cm，栽植乔木的区域盲沟不低于 80cm，灌木区域介于 40cm 与 80cm 之间。

在短期暴雨过大、雨水过量的情况下，雨水进入隐形水系统后，富余的雨水则通过低处出水口进入城市排水系统或蓄水池塘。出水口设于汇水洼地或蓄水池塘的较高位置，以保证雨量小时汇集的雨水不会流走。

蓄水池塘用人工材料修建，具有防渗作用的地表蓄水设施，形状可呈不规则形，也可以是规则形状；水池容量依屋面面积的大小和一次性暴雨强度而定，一般以 100mm ~ 200mm 暴雨强度为标准。一方面可以丰富景观，为水生植物提供适宜的立地环境条件；另一方面则经济合理地存贮雨水，解决降雨和雨水利用在时间上错位的矛盾，并缓解城市排水系统的压力。

3.3.3　雨水蓄水模块

图 1-12　雨水蓄水模块示意图（著者拍摄）

雨水蓄水模块是一种可以用来储存水，但不占空间的新型产品，具有超强的承压能力，95% 的镂空空间可以实现更有效率的蓄水（图 1-12）；配合防水布或者土工布可以完成蓄水和排放，同时还需要在结构内设置好入水管和出水管。针对汇水面积相对较小的地区，目前雨水调蓄设施种类有混凝土调蓄池、玻璃钢蓄水池、硅砂蜂巢储水净化设施、PP 塑料蓄水池等多种，其中混凝土调蓄池耗时最长，且施工时污染较大，容易出现质量问题。

PP 塑料雨水蓄水模块适用于雨水的过滤净化、回渗、收集、再循环利用等系统，主要由再生的聚丙烯制成，单个模块为长、宽各 50cm，高 40cm 的立方体。该模块具有以下优点：不受地形限制，其高度、形状都可以自由布置；施工工期短，节约建设时间；采用的聚丙烯材料符合环保要求，且可以100% 回收利用。通过模块组合，可以在地下快速搭建不同大小的雨水蓄水池，形成稳定的独特结构空间，具有很强的承压能力，水池上可以设置停车场、绿地等。

3.4　净化技术

不同情况的雨水径流水质净化技术可分为原位水质净化技术和异位水质净化技术。原位水质净化技术可分为土壤渗滤系统、生物膜技术、生态浮床、沉水植物修复、投加微生物菌剂等。异位水质净化技术是主要利用地势高低或机械动力将雨 / 河水部分引入净化系统中，污水经净化后，再次回到原水体的一种处理方法，常用的净化系统主要为人工湿地系统、生态砾石床系统及其组合系统等。

3.4.1　土壤渗滤系统

土壤渗滤系统是一种人工强化的污水生态工程处理技术，充分利用在地表土壤中栖息的土壤动物、土壤微生物、植物根系以及土壤所具有的物理、化学特性来净化污水，属于小型的污水土地处理系统。在国外，土壤渗滤工艺在 20 世纪 70 年代的日本即得到应用，美国、法国、德国、以色列等发达国家也都在大力推行与土壤渗滤技术相关的土地处理工艺，其中美国大约有 36% 的农村及零星分散建造的家庭住宅采用了此类技术处理生活污水。近年来土壤渗滤法在我国已日益受到重视，中科院沈阳应用生态所在"八五""九五"期间论证了地下土壤渗滤法在我国北方寒冷地区处理生活污水的可行性，并研究了其出水作为中水回用的可行性；2000 年清华大学首先在农村地区推广应用地下土壤渗滤系统，取得良好效果。

根据处理目标、处理对象的不同，将土壤渗滤系统分为慢速渗滤（Slow rate infiltration，SR）、快速渗滤（Rapid infiltration，RI）、地表漫流（Overland flow，OF）、湿地处理（Wetland treatment，WL）和地下渗滤（Underground infiltration，UG）五种主要工艺类型，各种工艺对废水处理程度、工艺参数等方面存在着一定的差异（表 1-6）。SR 系统的污水净化效率高，出水水质好，是土壤渗滤土地处理技术中经济效益最大、对水和营养成分利用率最高的一种类型，但是污水投配负荷一般较低，渗滤速度较慢。RI 系统是一种高效、低耗、经济的污水处理与再生方法，主要用于补给地下水和废水回收利用，但它需要较大的渗滤速度和消化速度，所以通常要求对进入此系统的污水需进行适当的预处理。OF系统对预处理的要求低，而且不受地下水埋深的限制，大部分以地表径流方式被收集，少部分经土壤渗滤和蒸发损失，因而对地下水的影响小，是一种高效、低能耗的污水处理系统。WL系统是通过湿地生态系统来处理污水，是一种简便有效的方法，同时可以促进当地生态农业的发展，又可供公共娱乐、野生动植物保护和科学研究。UG系统是一种氮、磷去除能力强，终年运行的污水处理系统，它与前4种处理系统不同，被埋于地下，因此对周围环境影响较小，不会滋生蚊蝇等，特别适用于北方缺水地区，而且对污水预处理要求低。

土壤渗滤处理系统工艺类型比较（来源：杨文涛等[20]，2007）　　　表 1-6

系统分类	SR	RI	OF	WL	UG
废水投配方式	喷灌、地面投配	地面投配	喷灌、地面投配	地面布水	地下布水
水力负荷（m/a）	0.5 ~ 6	6 ~ 125	3 ~ 20	3 ~ 30	0.4 ~ 3
废水去向	蒸发、渗滤	渗滤	蒸发、渗滤	下渗、蒸发、渗滤	下渗、蒸发
土壤渗透率（cm/h）	≥ 0.15 中	≥ 5	≤ 0.5 慢	≤ 0.5 慢	0.15 ~ 5 中
是否种植植物	谷物、牧草、林木	均可	牧草	芦苇等	草皮、花卉
占地性质	农林牧业	征地	牧业	经济作物	绿化
对地下水质影响	有一定影响	会有影响	轻微影响	无影响	无影响
气候影响	冬季污水需储存	终年运行	冬季部分污水需储存	终年运行	终年运行

3.4.2 植被过滤带

植被过滤带是一种始于20世纪60年代中期，可使地表径流中的污染物沉降、过滤、稀释、下渗和吸收的技术。植被过滤带降低径流中污染物的基本机理为：一是加大径流和水溶解物的下渗；二是增强植被和土壤对污染物的吸附和沉降；三是增加植物对径流中营养物质的吸收。植被过滤带的构建要素包括植物的组成和配置及过滤带形状和大小（长、宽及与点源面积的比值）等。根据植被类型可划分出多种过滤带，包括草地过滤带、灌木过滤带、林木过滤带以及两类以上植被构成的复合过滤。植被过滤带一般设于污染点源的下坡，常为长方形。植被过滤带越宽，过滤作用越显著，但过宽需占更多土地和投入更多的人力物力。因此，如何确定合适的宽度，使过滤效果好并占地最少，是设计和经营植被过滤带时必须首先考虑的问题。

全序列植被生态护坡技术从坡脚至坡顶依次种植沉水植物、浮叶植物、挺水植物、湿生植物（乔、灌、草）等一系列护坡植物，形成多层次生态防护，兼顾生态功能和景观功能。挺水、浮叶以及沉水植物，能有效减缓波浪对坡岸水位变动区的侵蚀。坡面常水位以上种植耐湿性强、固土能力强的草本、灌木及乔木，共同构成完善的生态护坡系统，既能有效地控制土壤侵蚀，又能美化河岸景观，主要应用在那些出现表层土壤侵蚀、植被稀少、景观要求较高的滩涂湿地上。

上海地区全系列生态护坡可以在坡顶种植垂柳（*Salix babylonica*）、池杉（*Taxodium distichum* var. *imbricatum*）、落羽杉（*Taxodium distichum*）、风箱树（*Cephalanthus tetrandrus*）等湿生乔木，株距为 5m；常水位以上岸坡种植野迎春（*Jasminum mesnyi*）、醉鱼草（*Buddleja lindleyana*）等耐湿性强的观赏灌木，地被铺设固坡效果好的结缕草（*Zoysia japonica*）；常水位附近种植根系较发达的菰（*Zizania latifolia*）、菖蒲（*Acorus calamus*）、芦苇（*Phragmites australis*）、香蒲（*Typha orientalis*）、水烛（*Typha angustifolia*）等乡土挺水植物；向下种植睡莲（*Nymphaea tetragona*）、萍蓬草（*Nuphar pumila*）等浮叶植物和菹草（*Potamogeton crispus*）、苦草（*Vallisneria natans*）、金鱼藻（*Ceratophyllum demersum*）、马来眼子菜（*Potamogeton wrightii*）等沉水植物。

3.4.3　人工湿地系统

1972 年，Seidel 与 Kichkuth 提出了根区理论掀起了人工湿地研究与应用的"热潮"，标志着人工湿地作为一种独具特色的新型污水处理技术正式进入水污染控制领域。人工湿地能够利用基质—微生物—植物复合生态系统的物理、化学和生物的三重协调作用，通过过滤、吸附、共沉、离子交换、植物吸收和微生物分解来实现对废水的高效净化，同时通过营养物质和水分的生物地球化学循环，促进绿色植物生长并使其增产，实现废水的资源化与无害化。该技术具有建造成本低、运行成本低、出水水质好、操作简单等优点，同时如果选择合适的湿地植物还具有美化环境的作用。

人工湿地净化污水是基质、植物、微生物共同作用的结果。通过水生植物及基质的过滤、吸附、沉淀和微生物分解、转化及有机物吸收，湿地系统能够有效地消除污水中有机物、氮、磷等污染物，其作用机理如表 1-7 所示。基质在为植物和微生物提供生长介质的同时，通过沉淀、过滤和吸附等作用直接去除污染物。

人工湿地的去污机理

表 1-7

机理	SS	BOD$_5$	COD	DOC	N	P	金属离子	病源微生物
物理沉降	▲	◎	◎	○	◎	◎	◎	◎
基质过滤	▲	●	○	○	○	▲	○	▲
介质吸附	●	○	○	○	○	▲	○	○
共沉淀	○	○	○	○	○	▲	▲	○
化学吸附	○	○	●	○	○	◎	▲	○
化学分解	○	◎	▲	◎	○	○	○	▲
微生物代谢	▲	▲	▲	▲	▲	▲	○	○
植物代谢	○	○	●	○	◎	◎	○	●
植物吸收	○	○	●	○	●	●	●	○
自然死亡	○	○	○	○	○	○	○	▲
自然挥发	○	○	○	▲	◎	○	○	○

▲最主要作用；●主要作用；◎次要作用；○作用很小或无作用

　　国内外学者对人工湿地系统的分类多种多样，从工程设计的角度出发，按照系统布水方式的不同或水在系统中流动方式不同一般可分为自由表面流人工湿地、水平潜流人工湿地和垂直潜流人工湿地。不同类型人工湿地对特征污染物的去除效果不同，具有各自的优缺点（表 1-8）。表面流人工湿地特点是污水在湿地表面呈推流式前进，占地面积大，水力负荷较低，处理能力一般，投资和运行成本较少，但具有景色优美，操作简单等优点，在海绵城市雨水湿地系统中常用于承接雨水径流与造景。水平潜流人工湿地在国际上应用最为广泛，污水在湿地床表面下水平流动，运行控制复杂，投资成本和运行费用高，但占地面积小，水力负荷高，具有高效的污水处理效率，对生化需氧量（BOD$_5$）、化学需氧量（COD）、悬浮物（SS）、重金属处理效果好，少有恶臭与蚊蝇现象，在海绵城市雨水湿地系统中多用做截留净化主体。垂直潜流人工湿地进水由表面纵向流至床体，运行控制复杂，投资成本和运行费用高，夏季易滋生蚊蝇，但占地面积小，水力负荷高，具有高效的污水处理效率，适于处理氨氮含量高的污水，硝化能力强，且对氮、磷处理效果好。

不同类型人工湿地优缺点比较　　　　　　　　　　　　　　表 1-8

类型	工艺特征	运行控制	氧源	水力负荷	处理能力	投资	运行费用	占地	卫生条件
表面流	慢速表面流	简单，受气候影响大	源于水面扩散和植物根系传输	较低	一般	较少	较少	较大	夏季滋生蚊蝇
水平潜流	湿地床内部流动	相对复杂	源于植物根系传输	较高	SS、BOD_5、COD、重金属处理效果好	较高	较高	较少	少有恶臭与蚊蝇
垂直流	湿地内纵向流动填料	相对复杂	大气扩散与植物根传输	较高	适于处理氨氮含量高的污水	较高	较高	较少	夏季滋生蚊蝇

3.4.4　水生食物链/网

水生生态系统修复的最终目的是通过模仿一个自然的、可以自我调节的，并与所在区域完全整合的系统，最大限度地减缓水生生态系统的退化，使系统恢复或修复到可以接受的、能长期自我维持的、稳定的状态水平。虽然水生生态系统的恢复有时可以在自然条件下进行，但一般还需通过人工干预的方式来实现。通常包括以下的主要过程：重建干扰前的物理环境条件、调节水和土壤环境的化学条件、减轻生态系统的环境压力（减少营养盐或污染物的负荷）、原位处理的措施，包括重新引进已经消失的土著动物和植物区系，尽可能地保护水生生态系统中尚未退化的组成部分等。

水生食物链网凸显"生态系统循环法"，以生态系统的物质循环、能量转换理论为基础，通过构建生产者—初级消费者—高级消费者—分解者的水生生物链网，形成具有自净功能的可自循环生态系统，最终通过对植物体和高级消费者的获取将水中污染物质迁移出水体，起到净化、改善水质，防治水体污染和富营养化的作用。在"生态系统循环法"中主要应用水生植物（以沉水植物为主）和水生动物（鱼类、底栖动物），进行水生食物链的构建。

沉水植物既可以促进水中悬浮物、污染物的沉积，固着底泥，防治和缓解其再悬浮，提高透明度，亦可吸收、转化、积累大量营养盐和有机碳于植物体内，减少有机质、营养盐等污染物从底泥迁移、扩散至水中，从而降低浮游藻类的产生量。此外，沉水植物在光合作用中产生大量的氧气，加速水中有机质分解，降低水中 COD、BOD_5 的浓度，将底泥中氨、硫化氢等有毒物质厌氧代谢为无毒物质。

水生动物放养时，在不投饵的前提下，放养一些虑食性鱼类和杂食性的鱼类，以及环棱螺、河蚌等底栖动物，待水生植物长好后投放少量的草食性鱼类如鳙鱼（*Aristichthys nobilis*），适当放养少量的肉食性鱼类；适宜时间为初秋季节至翌年 3 月底，以利于动物适应、生长一段时间后能够顺利过冬。

3.5 用排技术

海绵城市建设要求加强雨水资源的利用，不仅能缓解洪涝灾害，收集的水资源还可以进行中水利用，提升城市环境品质。雨水收集利用综合考虑雨水径流污染控制，城市防洪以及生态环境的改善等要求，建立起包括屋面雨水集蓄系统，雨水截污与渗透系统，生态小区雨水利用系统等在内的整套体系。雨水通常是低污染水，水中污染物较少，溶解氧接近饱和，钙含量低，总硬度小，经简单处理便可用作生活杂用水、工业用水，要比回用生活污水更便宜，且工艺流程简单，水质更可靠，细菌和病毒的污染率低，出水的公众可接受性强。

雨水收集利用技术是城市水资源可持续利用的重要措施之一。通过"渗"涵养，通过"蓄"把水留在原地，再通过净化把水"用"在原地。在经过土壤渗滤净化、人工湿地净化、生物处理多层净化之后的雨水要尽可能被利用，不管是丰水地区还是缺水地区，都应该加强雨水资源的利用。"用"工程主要包括绿化浇灌、道路冲洗、洗车、冷却用水、景观用水等，将雨水用作喷洒路面、浇灌绿地、蓄水冲厕等城市杂用水（图 1-13），如将停车场上面的雨水收集净化后用于洗车等。

图 1-13　收集雨水用于绿化灌溉（左图）和道路清洗（右图）（著者拍摄）

海绵城市建设目的就是减少内涝，提升城市应变能力。"排"工程主要包括雨污分流管网改造、低洼积水点的排水设施提标改造等，主要目的是使城市竖向与人工机械设施相结合、排水防涝设施与天然水系河道相结合以及地面排水与地下雨水管渠相结合。城市排水系统通常由排水管道和污水处理厂组成，在实行污水、雨水分流的情况下，污水由排水管道收集，送至污水处理后，排入水体或回收利用，雨水径流由排水管道收集后，雨水通常分散就近排入水体，雨水不能自流排出，未能排除城市内涝。

排水防涝设施与天然水系河道相结合，通过地面排水与地下雨水管渠相结合的方式来实现一般排放和超标雨水的排放，可避免内涝等灾害。有些城市因为降雨过多导致内涝，必须要采取人工措施，把雨水排掉。当雨峰值过大的时候，可通过地面排水与地下雨水管渠相结合的方式来实现一般排放和超标雨水的排放，避免内涝等灾害。经过雨水花园、生态滞留区、渗透池净化之后蓄起来的雨水一部分用于绿化灌溉、日常生活，一部分经过渗透补给地下水，多余的部分就经市政管网排进河流。

4　公园绿地海绵化建设

4.1　典型案例剖析

城市公园绿地是城市生态系统的重要组成部分，也是海绵城市建设的主要载体，本身具有良好的渗透、蓄积雨水的天然优势，可以从源头、中途和末端对城市暴雨洪水进行调蓄和利用，融入渗、滞、蓄、净、用、排等多种技术，从而降低市政排水管网的雨水排放压力，延缓暴雨内涝时的洪峰峰线时间，实现雨水的生态循环与利用。但是以往城市公园绿地建设时，为了满足城市快速绿化需求，大量的机械被用于绿化施工中，绿地土壤压实现象普遍。土壤紧实的物理性质不仅直接影响植物生长，也直接影响城市地表径流、城市洪涝和雨洪利用效果。在国家大力提倡海绵城市的背景下，城市公园绿地的设计和建设中需要探索出合理的海绵城市建设技术和方法。

通过解析我国成都[21]、北京[22]、上海[23]、天津[24]等城市4个大型景观水体水质维护系统的结构和工艺，可以发现水质维护全面考虑了补充水和循环水两个方面，综合运用物理方法、化学方法、生物—生态的方法（表1-9），并将重污染时的高效快速治理和微污染期的低成本控制技术有机结合，有效控制水体中的COD、BOD$_5$、总氮、总磷等污染物含量及藻类的生长。

景观水体水质维护系统水处理技术　　　　　　　　　　表1-9

类型	方式	技术	四川	北京	上海	天津
建成时间			1998	2007	2008	2009
补充水	雨水管理	蓄水池调蓄	√	√	√	√
		植草浅沟		√	√	√
		透水铺装	√	√		
		雨水管廊	√			
		暴雨塘			√	√
		雨水弃流设施	√	√	√	√
		植物冠层滞留	√			
循环水	物理方式	水动力循环	√	√	√	√
		曝气复氧	√	√	√	√
		生物栅			√	√
	化学方式	厌氧沉淀	√			
	生物–生态方式	水生植物系统	√	√	√	√
		护岸生态过滤	√	√	√	√
		沉水植被	√	√	√	√
		生态浮床			√	√
		水平潜流人工湿地		√	√	√
		表面流人工湿地	√	√		√
		水生动物系统	√	√	√	
		生态沟渠	√	√	√	

水质维护系统通过雨水管理和外源补水调节水量平衡；水质修复以生物—生态方式为主，辅助以水动力循环和曝气复氧技术，促进水体流动和水生生态系统的结构稳定。雨水管理通过蓄水池调蓄、植草浅沟、透水铺装、雨水管廊、暴雨塘、雨水弃流设施、

植物冠层滞留等措施，就地存储、过滤、蓄积暴雨径流。大部分雨水由绿地和透水道路场地自然渗透，以补充地下水。地表径流雨水排放主要通过地面径流和雨水管收集排放的形式就近汇聚到水体，道路和场地的集水点设置明沟，并就近排入水体。为保持水体的洁净，进入水体的雨水先经透水管或落底雨水井过滤或沉淀，再排入水循环体系的内部水体内。在陡坡底和护坡下按需要设置明沟或透水管，并及时排除大量沿坡面冲下的雨水；地下覆土建筑的顶板上采用排水组合板集水，再排入雨水管道系统。

循环水水质维护流程由泵站组成的动力系统、人工湿地组成的净化系统、湖区水生生态组成的自净系统三大部分，即人工强化处理、生物强化处理和原生生态修复。动力系统以湖区建设地形、自然流向、水系连通为主导，通过设置泵站，形成封闭水体的循环结构，解决水体流动的动力问题。净化系统利用水平潜流人工湿地、表面流人工湿地、生态氧化塘、絮凝沉淀池，去除水体中悬浮物、氨氮、总磷和部分有机物，进入景观湖区。自净系统采用湿生植物—挺水植物—浮水植物—沉水植物植被带，放养滤食性和杂食性鱼类以及螺类等底栖动物，构建具有较完整结构的水生生态系统。在局部死水区域，还通过推流、曝气复氧，人工辅助促进水体流动。

成都活水公园是世界上第一座以水为主题的城市生态环保公园，是成都市府南河综合治理工程的主题公园，于1998年落成。由人工湿地净水系统、模拟自然森林群落和环保教育馆等部分构成，演示了被污染水在自然界中由浊变清、由死变活的生命过程（图1-14）。运行10年后，成都市活水公园的陆上植被生长茂盛，湿地植物生长良好，净水效果越来越好。多年的水质监测数据表明人工湿地进水水质变化幅度较大，但出水水质基本稳定；凡进水水质在V类水范围内的，经厌氧沉淀池和人工湿地处理后，均能达到III类水标准；进水水质超过V类的，有个别项目（主要是氨氮）出现过短时超标的数据。

北京奥林匹克森林公园内分布大面积的水面，由"奥海""洼里湖""人工湿地"和"清河导流、仰山大沟"（两条纵横向穿过的市政排水河道）组成，其中"奥海"景观区域系北京奥林匹克森林公园龙形水系中的龙头部分，总水面面积67.7hm²，人工湿地5.6hm²。奥运湖区水质净化与维护具体工程措施，采用了潜流湿地系统、水循环、湖岸生态过滤带、水生植物系统、深水人工水草系统、水生动物系统、湖体死区助流系统等（图1-15）。运行多年后，人工湿地净化系统水质状况较好，氨氮、总氮、总磷均显著低于净水水质，但各净化单元时空区间仍存在不同程度污染：季节尺度上，秋季污染更为严重；空间尺度上，主湖区、混合氧化塘区最为严重[25]。

图 1-14 成都活水
公园植物塘床系统
（著者拍摄）

图 1-15　北京奥林匹
克森林公园海绵基础
设施（著者拍摄）

4.2 海绵化策略

2008 年世界银行发布报告《生物多样性、气候变化和适应性：来自世界银行投资的 NBS》，首次在官方文件中提出"基于自然的解决方案"（Nature-based Solution，简称 NBS），要求人们系统地理解人与自然的关系。公园绿地作为"城市海绵"的重要载体，其海绵化建设目标不仅限于汇水需求，还应为周边客水提供滞留、缓释和利用的空间。根据《海绵城市建设技术指南—低影响开发雨水系统构建（试行）》，按照"渗、滞、蓄、净、用、排"六大要素来合理选择和采用相应的技术措施，其原则为优先"净、蓄、滞"措施，合理选用"渗""排"措施，优化"用"措施。

城市公园绿地本身具有良好的渗透、蓄积雨水的天然优势，通过海绵城市建设和改造，进一步优化公园绿地的自然属性，促进城市雨水循环过程向自然循环过程的转变。区别以往依靠地下管网外排雨水的传统管理模式，公园绿地海绵体系的构建必须在深入分析场地现状问题的基础上，制定合理的雨水管理目标和公园绿地景观属性，选择适宜的海绵技术措施，将"汇集入渗""截污转输""蓄存利用"水循环过程的三个功能模块全部纳入海绵体构建过程中，共同构建具有韧性的公园绿地海绵体（图 1-16）。

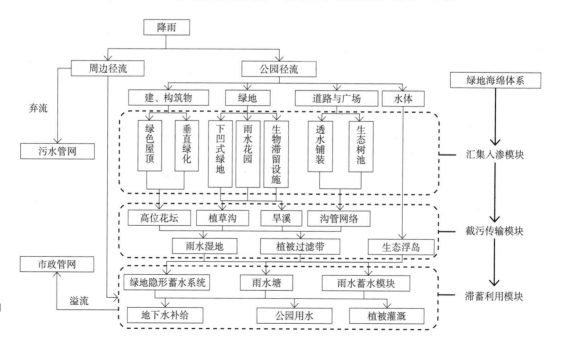

图 1-16 城市公园绿地海绵体模型

参考文献

[1] 住建部. 海绵城市建设技术指南—低影响开发雨水系统构建（试行）[S]. 北京：住房和城乡建设部，2014.

[2] 俞孔坚，李迪华，袁弘，等."海绵城市"理论与实践 [J]. 城市规划，2015，39（6）：26-36.

[3] 俞孔坚. 海绵城市的三大关键策略：消纳、减速与适应 [J]. 南方建筑，2015，（3）：4-7.

[4] 仇保兴. 海绵城市（LID）的内涵、途径与展望 [J]. 给水排水，2015，51（3）：1-7.

[5] 王建龙，车伍，易红星. 基于低影响开发的城市雨洪控制与利用方法 [J]. 中国给水排水，2009，25（14）：6-9，16.

[6] 车伍，赵杨，李俊奇，等. 海绵城市建设指南解读之基本概念与综合目标 [J]. 中国给水排水，2015，31（8）：1-5.

[7] 王俊岭，王雪明，张安，等. 基于"海绵城市"理念的透水铺装系统的研究进展 [J]. 环境工程，2015，33（12）：1-4，110.

[8] 车生泉，谢长坤，陈丹，等. 海绵城市理论与技术发展沿革及构建途径 [J]. 中国园林，2015，31（6）：11-15.

[9] Hunt W F，Stephens S，Mayes D et al. Permeable pavement effectiveness in Eastern North [C]// Proceedings of 9 th International Conference on Uban Drainage，ASCE. Portland，OR，2002.

[10] Dreelin EA，Fowler L，Ronald Carroll. A test of porous pavement effectiveness on clay soils during natural storm events[J]. Water Research，2006，40：799-805.

[11] 赵飞，张书函，陈建刚，等. 透水铺装雨水入渗收集与径流削减技术研究 [J]. 给水排水，2011，47（S1）：254-258.

[12] Bean EZ，Hunt WF，Bidelspach DA. Evaluation of four permeable pavement sites in eastern north Carolina for runoff reduction and water quality impacts[J]. Journal of Irrigation and Drainage Engineering，2007，133：583-592.

[13] Collins KA，Hunt WF，Hathaway JM. Hydrologic comparison of four types of permeable pavement and Standard Asphalt in Eastern North Carolina[J]. Journal of Hydrologic Engineering，2008，12：1146-1157.

[14] 张辰. 上海市海绵城市建设指标体系研究 [J]. 给水排水，2016，52（6）：52-56.

[15] 徐军，牛健植. 北京鹫峰山区常见树种的枝叶及枯落物截留特征 [J]. 水土保持学报，2016，30（1）：103-110.

[16] 于冰沁，车生泉，严巍，等．上海海绵城市绿地建设指标及低影响开发技术示范 [J]．风景园林，2016，（3）：21-26．

[17] 刘燕，尹澄清，车伍．植草沟在城市面源污染控制系统的应用 [J]．环境工程学报，2008，2（3）：334-339．

[18] 李俊奇，秦祎，王亚婧，等．雨水塘的多级出水口及其设计方法探析 [J]．中国给水排水，2014，30（12）：34-40．

[19] 龙岳林，陈琼琳，甘德欣，等．城市绿地隐形蓄水系统的建立及生态功能分析 [J]．自然灾害学报，2007，16（6）：156-159．

[20] 杨文涛，刘春平，文红艳．浅谈污水土地处理系统 [J]．土壤通报，2007，38（2）：394-398．

[21] 黄时达．成都市活水公园人工湿地系统 10 年运行回顾 [J]．四川环境，2008，27（3）：66-70．

[22] 黄迪，熊薇，刘克，等．典型再生水人工湿地净化系统水质时空变异研究——以北京市奥林匹克森林公园人工湿地为例 [J]．环境科学学报，2014，34（7）：1738-1750．

[23] 陈小华，孙从军，李小平．生态水景社区的景观湖补水方案及水质控制研究 [J]．给水排水，2009，（11）：87-91．

[24] 王秀朵，郑兴灿，赵乐军，等．天津中心城区景观水体功能恢复与水质改善的技术集成与示范 [J]．给水排水，2013，（4）：13-16．

[25] 刘学燕．北京奥林匹克森林公园水系水质维护设计与运行效果 [C]．第四届全国水力学与水利信息学学术大，2009：99-107．

第2章

公园绿地海绵城市规划与设计

海绵城市的建设，需要使其各项功能得到最大限度地有效发挥，必须因地制宜地做出合理规划，并选择出最佳实施方案。具体到海绵城市规划设计过程中，需要系统地梳理出项目规划地所存在的水生态、水资源、水安全等多重问题，明确海绵城市建设的一些基本要求，制定合理目标，进而构建核心目标和次要目标结合的多重目标雨水处理系统。具体到某个海绵城市建设项目，应根据本地自然地理条件、水文地质特点、水资源禀赋状况、降雨规律、水环境保护与内涝防治要求等，合理确定低影响开发控制目标与指标，科学规划布局和选用下沉式绿地、雨水湿地、透水铺装等低影响开发设施及其组合系统。

海绵城市规划设计的关键要点主要有四个方面。第一，总体评估区域场地情况，做好前期调查研究工作，详细全面了解规划区域的基本状况和特点，详细分析地形地貌、地质条件、降雨状况、排水状况、水利基础设施等。第二，对评估结果进行分析研究，据此划分雨水资源化布局，确定可实施性方案；分析差异，确定设施适用范围。第三，有效落实多规合一要求，重点加强对各个方面基本系统和要素的研究，促使其相互之间运行较为协调有序，确保市政、水利、园林以及道路等各个方面均能够表现出理想的落实效果。第四，注重排水系统构建，在原有排水系统的基础上进行详细分析城市可能遭遇的暴雨等极端天气问题，严格控制场地内外的水资源处理，优化排水和蓄水结构的布置，促使相关排水和蓄水系统高效运行。

本章以较早实践"低影响开发"理念的新建公园绿地——上海辰山植物园为对象，在详细分析植物园整体规划、自然环境条件、市政支撑体系和周边水环境等背景条件的基础上，明确园区景观水体的功能定位，因地制宜地制定水质立体维护方案、水质要求及运行管理方案，并重点介绍了雨水管理、补充水系统、循环水系统和水质净化场等绿地海绵体的设计。该项目的科学规划与设计，切实落实了低影响开发的理念和技术，在规划设计层面上系统把控城市新建公园绿地的雨水资源化利用和管理。

1 项目规划区域背景

1.1 项目总体规划

上海辰山植物园（以下简称植物园）是在全球气候变暖、生态系统受到严重威胁、植物种类急剧减少的时代背景下建设和发展起来的。于 2011 年 1 月 23 日对外开放，由上海市政府、中国科学院和国家林业局合作共建，是一座集科研、科普和观赏游览于一体的 AAAA 级综合性植物园。整个园区占地面积 207hm²，分中心展示区、植物保育区、五大洲植物区和外围缓冲区四大功能区，是目前华东地区规模最大的植物园。园区规划设计的总体构思是解构篆书中"圜"字的各个部首中，包含了"山、水、植物"和围护界限等要素，划分出绿环、山体以及具有江南水乡特质的中心植物专类园区（图 2-1）[1, 2]。

图 2-1 上海辰山植物园总平面图

绿环由一条长 4500m、平均值高度 6m、宽度 40m 至 200m 起伏地形塑造而成，构成了全园的骨架，代表着植物园的边界，既限定了植物园的内外空间，也对内部空间起到防护作用。绿环也被称为五大洲植物区，通过地形塑造形成了丰富多样性的植物生境，形成乔木林、林荫道、疏林草地、孤赏树、林下灌丛以及花镜等多层次的立地基础，分段种植了欧洲、美洲、澳洲、非洲以及亚洲等世界各地的同纬度植物，并在园中巧妙地融入了综合楼、科研中心、展览温室等大型建筑。绿环外围部分是植物园的配套服务区，设置科学实验、交通服务、宿营基地等辅助设施，总体结构简洁明了，功能分区合理，符合中国传统的造园格局，反映了人与自然的和谐关系。框架中的 3 个部首，表达了植物园中的山、水和植物 3 个重要组成部分，即园中有山、有水、有树，反映了人与自然的和谐关系；包含 2 个区域：一是保护现有辰山山体和原生植物群落的植物保育区，二是由 26 个植物专类园组成的中心展示区，主要种植展示中国华东区系的本土植物，形成中国江南地区水网密布、洲岛连绵的景观风貌。

1.2　自然环境条件

1.2.1　地理位置

植物园坐落于上海市松江区佘山国家旅游度假区内，中心位置地理坐标为 N31° 04′ 48.10″、E121° 11′ 5.76″，南侧接松江新城和松江科技园区，东侧是松江区经济密集发展区，西北角是风景如画的淀山湖。植物园周边道路交错纵横，各级道路组织成严密有序的交通网，其南面、北面和西面各毗邻一条市区主要干道，而其东面则分布若干二级道路交通网，同时紧靠着地铁线路，使得园区具有得天独厚的交通条件。

1.2.2　气候条件

上海市松江区气候属北亚热带季风区，受冷暖空气交替影响，呈现季风性、海洋性和局地性气候特征。气候温暖湿润，冬夏寒暑交替，四季分明，气候宜人，年平均值气温 15.4℃，最高气温 38.2℃，最低气温零下 10.5℃，无霜期 230d。年平均值降水量 1103.2mm，雨日 137d。全年有 3 个多雨期，即春雨期、梅雨期和秋雨期；盛夏、秋后期和冬季则为 3 个少雨期。6 月中旬至 7 月上旬是梅雨季节，晴雨不定，20 多天的雨量占全年 1/4。8 月下旬到 9 月上旬是台风多发季节，平均值每年 1.5 次。有时有龙卷风、冰雹灾害；秋冬多雾，易涝少旱。

1.2.3　地质地貌

植物园园区大部分基地皆为平原，除辰山之外地势平坦少有起伏。辰山位列松郡九峰之一，属于佘山山系，海拔 71.4m，基地呈椭圆形（有两个矿洞），占地面积 20hm²，与佘山、天马山等 14 个低山残丘呈串珠状，沿东北—西南方向伸展，属东南沿海中生代火山活动带。岩石以酸性—中酸性为主，由紫色粉砂质泥岩、泥质粉砂岩组成，夹中细砂岩和个别粗砂岩层，属中生界白垩系。岩石密度 4.27g/m³，可见厚度仅数毫米网脉状或薄层状石膏，已见厚度 770m。

历史上的采石活动一直到 20 世纪 80 年代中期才停止。山体西南和东面形成的悬崖断壁高达 50m ~ 60m，且西南面采入地下，为矿坑花园和岩石药用植物园的设计实施提供了良好的环境条件[3]。

1.2.4　土壤条件

植物园建设期间，土壤调查结果显示除辰山山体外，土壤类型为水稻土，质地属于壤土类，以粉砂质黏壤土为主，在个别地方也有砂土和黏土存在，黏土大多居于渗水或积水地。规划区域土壤有机质丰富，土壤 pH 呈中性或微碱性（pH5.67 ~ 7.95），电导率、阳离子交换量、通气孔隙率、水解氮、有效磷和速效钾的含量中等，土壤有机质平均值含量 31.50mg/kg，86.70% 的土壤肥力一般，13.30% 的土壤为贫瘠（表 2-1）。

植物园土壤基本理化性质（来源：彭红玲等[4]，2009）　　　　　　　　表 2-1

参数	范围	平均值 ± 标准差
密度（g/cm³）	1.08 ~ 1.97	1.61 ± 0.16
通气孔隙度（%）	1.10 ~ 55.00	14.52 ± 8.70
pH	5.67 ~ 7.95	7.31 ± 0.64
EC（mS/cm）	0.05 ~ 0.59	0.20 ± 0.15
有机质（g/kg）	2.83 ~ 62.82	31.50 ± 12.60
水解氮（mg/kg）	11.63 ~ 221.21	108.59 ± 64.63
有效磷（mg/kg）	1.44 ~ 130.76	33.34 ± 30.88
速效钾（mg/kg）	48.05 ~ 231.00	134.79 ± 48.29
阳离子交换量（cmol/kg）	11.94 ~ 20.59	17.52 ± 2.43

1.3　市政支撑体系

1.3.1　供水

植物园内多以绿地植被为主，并有大量地表景观水体，只有综合楼、科研中心、展览温室、专家公寓等少量建筑点缀其中。为提高水资源综合利用效率，园区内实施分质供水，即科研、办公、餐饮等生活用水由市政供水管网提供，道路浇洒、绿化灌溉和消防用水由园内地表景观水体提供。园区隶属小昆山水厂供水范围，园区周边主要道路下均铺设有给水管：沈砖公路下铺设有 DN1200 输水管和 DN300 配水管，辰花路、千新公路下铺设有 DN300-DN500 配水管。园内道路下也已铺设有配水管网，保障植物园内的综合生活用水需求。

1.3.2　排水

排水体制采用雨污完全分流制排水系统，其中植物园内综合楼、科研楼、专家公寓以及餐饮门面产生的生活污水就近排入园区内人行道下的污水支管，再接入植物园北面沈砖公路下 DN400 市政污水管。雨水经园内道路下的雨水管网收集系统，汇流就近排入地表景观水体。

1.3.3　供电

植物园内的综合楼、科研楼、展览温室、专家公寓和餐饮设施用电较为集中，其他主要为照明和设备用电。上级电源来自 35kV 佘山变电站，通过园区的 10kV 配电房进行民用电的供配输送，满足园区的电力负荷需求。

1.3.4　通信

植物园内的固话和宽带需求集中在办公楼、科研中心、专家公寓和餐饮门面，目前园内道路已铺设通信管道，移动通信信号覆盖整个植物园。

1.4　周边水环境

1.4.1　周边水文和水系

植物园内水系包括辰山后河、长浜、西陈家浜，圩外水系包括辰山塘、植物园南河，植物园内及周边水体相对关系如图 2-2 所示。辰山及其附近的松江地区水资源十分丰富，平均值年际地表径流量 2.12 亿 m^3，客水径流 36.5 亿 m^3，江潮径流 57.6 亿 m^3。地面高程平均值为 3.0m，常水位 2.6m，警戒水位为 3.3m，危险水位为 3.5m。

植物园南河沟通了植物园外部开放水体油墩港和过境开放水体辰山塘。油墩港是植物园附近一条较大的开放式通航河道，位于植物园西侧，其支流在千新公路附近与植物园南河连通。辰山塘是穿越辰山植物园的一条通航的河道，为了防止洪水发生时，辰山塘的水进入园内，导致园内水体受到污染，因此在辰山后河、长浜、西陈家浜与辰山塘的交汇处分别修建水闸进行控制。沈泾河段自辰塔路至辰山塘段全长约1045m，靠近辰塔路端设水闸与原水体隔断，与辰山塘的连接被隔断，隔出的水体与植物园内的人工湖（西湖、南湖、东湖）连通，成为封闭景观水体。

1.4.2 周边水质现状

植物园补充水取自植物园南河的北端（沈泾河外侧），属油墩港支流，与油墩港的距离约660m。为了对取水点水质有更详细的了解，多次采样分析了植物园附近水体的样品，取样点包括油墩港、辰山塘和园区规划水体，具体分布如图2-3所示。

水质分析结果表明，油墩港、辰山塘等周边水体水质总体属于劣V类（表2-2）。油墩港的BOD_5、氨氮、总氮、总磷指标最高，辰山塘的COD_{Cr}最高，其指标都高于《地表水环境质量标准》（GB 3838—2002）的V类水标准。规划区域的西湖水质COD_{Cr}、BOD_5、氨氮和总磷在Ⅳ至V类水之间，总氮超过V类水标准。

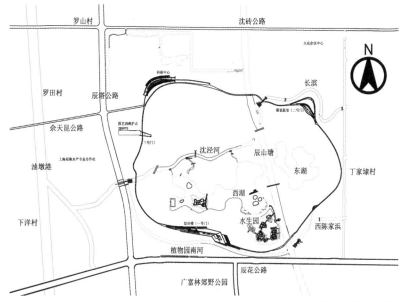

图2-2 上海辰山植物园周边水系图

图2-3 周边水质取样点示意图

周边水体水质情况（单位：mg/L）　　　　　　　　表 2-2

样点	pH	COD_{Cr}	BOD_5	氨氮	总氮	总磷
油墩港	7.60	35.21	11.64	3.97	10.48	0.49
辰山塘	7.62	43.52	5.64	2.86	6.99	0.48
西湖	8.02	29.31	4.96	NA	2.63	0.12
V类标准	6～9	40.00	10.00	2.00	2.00	0.20

*NA，Not Applicable，未检出

1.4.3　周边水功能规划

按照水利部制定的《水功能区划技术大纲》的两级区划体系要求，《上海市水（环境）功能区划》对全市河网和主要骨干河道进行功能划分。一级区划从宏观上解决水资源开发利用与保护的问题，区划工作以流域管理机构为主，地方为辅，划分四类功能区，即保护区、保留区、开发利用区和缓冲区。

水（环境）一级区划功能区的水质控制标准如下：

保护区：指崇明东滩、九段沙自然保护区和太浦河等水域，根据具体情况分别执行《地表水环境质量标准》（GB 3838—2002）的Ⅰ、Ⅱ类水质标准。

保留区：主要包括长江口、杭州湾的非开发利用区水域，水质控制标准为Ⅱ类水，现状优于Ⅱ类的不低于现状标准。

开发利用区：上海市其他地区水域为"开发利用区"，水质控制标准为Ⅱ～Ⅴ类水。

缓冲区：为沪苏、沪浙边界主要河道，水质控制标准为Ⅱ～Ⅲ类水。

二级区划是在一级区划的开发利用区内进一步进行细分，将本市河网和46条主干河道、2个湖泊进一步划分为八类用水功能区，即"饮用水源、过渡区、渔业用水区、景观娱乐用水区、工业用水区、农业用水区、排污控制区、航运区"。各功能分区的水质控制标准如下：

（1）大中型集中式饮用水源区：Ⅱ类水标准；郊区内河饮用水源区：Ⅲ类水标准。

（2）过渡区：Ⅲ类水标准。

（3）渔业用水区：Ⅱ～Ⅲ类水标准。

（4）景观娱乐用水区：A类需符合Ⅲ类水标准；B类需符合Ⅳ类水标准；C类需符合Ⅴ类水标准。（根据《景观娱乐用水水质标准》（GB 12941-91），分为三大类：A类主要适用于天然浴场或其他与人体直接接触的景观、鱼类水体；B类主要适用于国家重点风

景游览区及那些与人体非直接接触的景观娱乐水体；C 类主要适用于一般景观用水水体）。

（5）工业用水区：Ⅳ类水标准。

（6）农业用水区：Ⅴ类水标准。

（7）排污控制区：污水处理后达标排放，对附近水体无重大不利影响。对未设排污控制区的排放口，更应加强污水处理，实行严格达标排放。

（8）航运区：按照对应河道的主导功能的水质控制标准来确定。

根据《区划》，油墩港部分河道属饮用水源区，部分河道属工农业用水区，不同河段执行的水质控制标准如表 2-3 所示。水环境功能的近期目标为加强保护水源、截污治污、河道整治、引清调水等综合治理，中心城区河道基本消除黑臭，黄浦江上游饮用水源水质基本达到Ⅲ类，郊区河道水质逐步改善，不低于Ⅴ类。远期目标为水（环境）功能区水质达标。

根据以上分析，植物园补充水水源属于油墩港水源保护区边界至吴淞江段，现状水质为劣Ⅴ类，近期水质目标为Ⅴ类，远期水质目标为Ⅳ类。

油墩港水功能区划　表 2-3

范围		河道长度（km）	主导功能	水质控制标准
起始点	终止点			
黄浦江	水源保护区边界	5.00	饮用用水	Ⅱ
水源保护区边界	吴淞江	31.40	工业农业用水	Ⅳ

2　景观水体功能定位

依据地表水水域环境功能和保护目标，按功能高低依次划分为五类：Ⅰ类主要适用于源头水、国家自然保护区；Ⅱ类主要适用于集中式生活饮用地表水源地一级保护区、珍稀水生生物栖息地、鱼虾类产卵场、仔稚幼鱼的索饵场等；Ⅲ类主要适用于集中式生活饮用水地表水源地二级保护区、鱼虾类越冬场、洄游通道、水产养殖区等渔业水域及游泳区；Ⅳ类主要适用于一般工业用水区及人体非直接接触的娱乐用水区；Ⅴ类主要适用于农业用水区及一般景观要求水域。地表水环境质量标准基本项目标准限值如表 2-4 所示。

地表水环境质量标准基本项目标准限值   表 2-4

序号	项目	I 类	II 类	III 类	IV 类	V 类
1	水温（℃）	人为造成的环境水温变化应限制在：周平均值最大温升 ≤ 1；周平均值最大温降 ≤ 2				
2	pH 值	6 ~ 9				
3	溶解氧（mg/L）≥	饱和率 90%（或 7.5）	6	5	3	2
4	COD_{Mn}（mg/L）≤	2	4	6	10	15
5	COD_{Cr}（mg/L）≤	15	15	20	30	40
6	BOD_5（mg/L）≤	3	3	4	6	10
7	氨氮（mg/L）≤	0.15	0.5	1.0	1.5	2.0
8	总磷（以 P 计）（mg/L）≤	0.01	0.025	0.05	0.1	0.2
9	总氮（湖、库，以 N 计）（mg/L）≤	0.2	0.5	1.0	1.5	2.0

根据植物园景观水水质的功能要求，景观水体水质总体达到Ⅳ类水标准，具体指标如下：

定性指标：景观水体保持清洁、无异味，感观良好，具有较好的透明度，不易长藻类、无嗅，不影响感官，具有较好的观赏性。

定量指标：景观水体 COD_{Cr} ≤ 30mg/L，BOD_5 ≤ 6mg/L，氨氮 ≤ 1.5mg/L，总磷 ≤ 0.1mg/L，总氮 ≤ 1.5mg/L。

3　景观水体维护方案

3.1　水质立体维护系统

植物园景观水体净化需求包括建设初期外源补充水处理、园内原有水体预处理以及园内景观水体日常净化维护等三个方面[5]。根据建设初期外源补充水的水源和园内景观水体的水质现状分析，发现外源补充水水体沈泾河和园内主要景观水体西湖和东湖均未达到非接触类景观用水的 V 类水标准，并结合景观水体现有主要净化技术的原理、优缺点以及原因分析，筛选出适合建设初期和景观水体日常维护的净化技术，即混凝沉淀技术、人工湿地技术和人工水生生态系统构建技术，形成一整套景观水体生态净化技术集成（表 2-5）。

植物园景观水体净水技术初步筛选（来源：张勇伟[6]，2014）　　　　表 2-5

净化技术	原理	具体技术	优点	缺点	弃用/选用	原因
化学技术	投放化学药剂去除藻类及营养物		见效快	造成二次污染	弃用	防治二次污染
物理技术	直接置换污染物以去除污染	补水换水	适用于小面积水体	耗水量大	弃用	景观水体面积大
		底泥疏浚	效果好	工程量大、成本较高	弃用	成本高
		循环过滤	适用于广场喷泉类有专人管理的水体	维护费用高	弃用	维护费用高
		混凝沉积	成本低、操作维护简单，适用于浑浊水体净化，去除悬浮物	对营养物质去除效果欠佳	选用	预处理需求
生物—生态修复技术	通过食物链控制藻类，生物体代谢转化污染物	水生生态系统	可持续、稳定性	见效慢	选用	有效提升景观水体自净能力
		人工湿地	有效去除污染物质	易堵塞	选用	有效削减主要污染物总氮含量

水质立体维护方案包括人工强化处理、生物强化处理和原位生态修复 3 大系统措施，使植物园整个景观水体形成了一个有机整体，内部景观水体既有和外部水系的联系，又有内部水体的循环（图 2-4）。其中，水体净化场是基于混凝沉淀技术建设的水体初步处理装置，主要去除水体中悬浮物，总磷和部分有机物；人工湿地系统包括表面流人工湿地和水平潜流人工湿地，进一步去除有机物、氨氮和总磷等营养物质；最后，在景观水体中构建去水体富营养化的人工水生生态系统，成为景观水体自净能力的核心，有效改善水体水质。

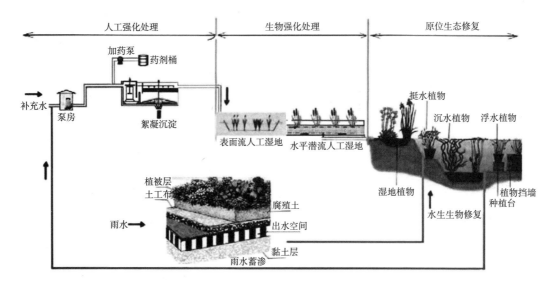

图 2-4 景观水体水质立体维护结构图

（图片来源：上海园林（集团）有限公司．上海辰山植物园景观绿化建设 [M]．上海科学出版社，2012．）

补充水包括自然降水和外源来水，为了防止雨水直接进入景观水体污染水质，通过蓄水池调蓄、植草浅沟、屋顶绿化、透水铺装、暴雨塘、生态护岸等措施，设置沟网收集系统收集雨水并在排水沟末端设置雨水蓄渗装置，使雨水蓄渗后通过土壤的过滤作用再进入水体，有效削减进入水体的污染负荷。

循环水水质维护流程由泵站组成的动力系统、人工湿地组成的净化系统、湖区水生生态组成的自净系统三大部分组成，即人工强化处理、生物强化处理和原生生态修复。净化系统利用水平潜流人工湿地、表面流人工湿地、生态氧化塘、絮凝沉淀池，去除水体中悬浮物、氨氮、总磷和部分有机物，进入景观湖区。自净系统采用湿生植物—挺水植物—浮水植物—沉水植物构成的植被带，放养滤食性和杂食性鱼类以及螺类等底栖动物，并投放微生物制剂，模拟天然水生生态系统的结构，构建具有较完整结构的水生生态系统，还通过深水局部死水区域推流、曝气复氧，人工辅助促进水体流动[7]。

3.2 补充水和循环水水质要求

根据植物园周边水体的水质现状和景观水体的功能定位，确定补充水经景观水体净化场处理后水质要求达到Ⅲ类标准，景观水体水质总体维持在Ⅳ类标准。景观水体净化场补充水及循环水进出水水质设计如表 2-6 和表 2-7 所示。

补充水设计进出水水质（单位：mg/L）　　　　　　　　　　　　表2-6

	COD$_{Cr}$	BOD$_5$	氨氮	总氮	总磷	溶解氧
进水	40	10	3.0	6.0	0.5	2
出水	20	4	1.0（1.5）	1.0（1.5）	0.1	5

注：括号内数值为水温≤12℃时的控制指标。

循环水设计进出水水质（单位：mg/L）　　　　　　　　　　　　表2-7

	COD$_{Cr}$	BOD$_5$	氨氮	总氮	总磷	透明度（cm）
进水	30	6	1.5	1.5	0.3	35
出水	30	6	1.5	1.5	0.3	70

注：透明度单位为cm。

3.3　水质维护系统运行管理

水质立体维护系统的运行管理对水质目标的实现和维持具有重要作用，良好的运行管理是水质保障的关键。针对水质季节性变化、周边补充水源水质改善以及园区循环水水质不断提升，对景观水体的水质立体维护系统运行和管理机制提出分级实施、分类管理的措施，具体如下：

阶段一：植物园建成之初，内部水体水质相对较好，补充水水质是整个封闭水体保持良好状态的关键，内循环水可以直接在西湖→水生湖→东湖→沈泾河之间进行循环。由于现状补充水来自油墩港的支流，现状水质基本为劣V类，补充水必须经过人工强化处理装置和人工湿地组合的方式进行处理，水流循环方式为补充泵站→植物净化塘→水体净化场（人工强化处理装置）→沈泾河→西湖→水生园→东湖。

阶段二：当植物园运行一段时间后，由于游园人数的增多，外源污染增加，再加上内源污染本身的积累，景观水体水质可能会逐渐恶化；而补充水随着外部水环境整治的逐步推进，水质将呈现好转的趋势。这时内循环水成为整个封闭水体保持良好状态的关键。当内循环水水质较差时，需经过人工强化处理后再回到景观水体，水流循环方式为西湖→水生园→东湖→水体净化场（人工强化处理装置）→沈泾河→西湖。补充水必须经过人工强化处理装置和人工湿地组合的方式，水流循环方式为补充泵站→植物净化塘→水体净化场（人工强化处理装置）→沈泾河→西湖→水生园→东湖。此外，在雨天由于径流的汇入，景观水体水质可能会短期急剧恶化，而此时一般不需要补充水，这时内循环水经人工强化处理装置后部分直接排入水体，部分进入人工湿地深度处理后排入水体，以保证景观水体的水质。

阶段三：从长期来看，根据《上海市水（环境）功能规划》，油墩港水质远期将达到Ⅳ类，与封闭景观水体的目标水质相同，原则上已经不需要对补充水进行处理；重点可以放在提高补充水的透明度上，使得辰山植物园的景观水水质提高一个层次。由于水体内水生植物和水生动物群落的成熟，其生态净化功能得到强化，启用阶段一的内循环方式，即西湖→水生园→东湖→沈泾河→西湖。由于外部环境和内部环境突变导致水质暂时恶化时，启用阶段二的内循环方式。

4　绿地海绵体规划设计

4.1　雨水管理设计

雨水收集利用是指通过汇总管对雨水进行收集，通过雨水净化装置对雨水进行净化处理，达到符合设计使用的标准。传统城市雨水收集是在雨水落到地面上后，一部分通过地面下渗补充地下水，不能下渗或来不及下渗的雨水通过地面收集后汇流进入雨水口，再通过收集管道收集后，排入河道或通过泵提升进入河道。城市雨水收集利用方法主要有三种：一是屋面雨水集蓄系统，集下来的雨水主要用于家庭、公共场所和企业的非饮用水。二是雨水截污与渗透系统，道路雨水通过下水道排入沿途大型蓄水池或通过渗透补充地下水。三是生态小区雨水利用系统，小区沿着排水道建有渗透浅沟，表面植有草皮，供雨水径流流过时下渗；超过渗透能力的雨水则进入雨水池或人工湿地，作为水景或继续下渗。

上海地区雨量充沛，年降雨量约有 1123mm，建设场地内外都有非常丰富的地表水资源可以满足使用需求，如果进行充分地收集和合理使用，应该可以做到零排放和低能耗。但由于水体现状水质较差，为劣 V 类，需要进行适当处理才能利用。设计时，雨水的收集设施和收集方法的选择是一个难点，通过对大量工程的分析和多次的方案

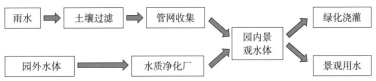

图 2-5 雨水管理方案图

（参考：茹雯美.上海辰山植物园的"雨水管理".城市道桥与防洪，2012，（3）：99-103.）

比较，最终确定了采用"软"收集的雨水管理方案，详见图 2-5 所示。通过地形营造和沟管网络设置，发挥植被和土壤对雨水的过滤作用，将雨水存储在景观水体中，主要用于绿化浇灌和瀑布、道路冲刷等；雨水收集得越多，对园外补水的需求就越少，补水所需消耗的动力就可相应减少。

4.2 补充水系统设计

4.2.1 补充水组成

水量平衡是水文现象和水文过程分析研究的基础，也是水资源数量和质量计算及评价的依据。在人工生态系统中，对景观水体采取合适的维护措施之前，首先需要分析系统的水量平衡。植物园景观水体的天然补充水有水面降水和地表径流，另外可能有湖底地下水的渗入；消耗的水量包括景观浇灌用水和水面的蒸发水量。因此，景观水体的水量平衡计算可表达为：

$$W = Q_l + Q_r + q_1 - q_2 - q_3$$

式中：W——补充水量；

$\quad Q_l$——绿化浇灌与硬地浇洒量；

$\quad Q_r$——湖底渗透量；

$\quad q_1$——蒸发水量；

$\quad q_2$——水面降水量；

$\quad q_3$——地表径流量。

4.2.2 补充水量确定

（1）降水量

通过收集植物园所在区域上海市松江区的历年气象资料，分析 1990 年～2006 年不同年份的降水量情况可知，这期间年降水量有不断下降趋势，尤其是 2002 年后降水量有

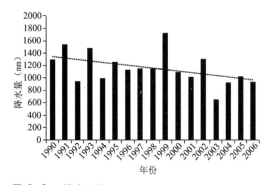

图 2-6 松江区 1990 年 ~ 2006 年期间的年降水量

较大幅度的下降，基本都在 1000mm 以下（图 2-6）。综合考虑多种因素，植物园景观水体的设计降水量取 2002 年后的平均值，为 883.5mm。

从月均降水量的分布来看，1990 年 ~ 2006 年期间月均降水量范围为 42.8mm ~ 184.9mm，占全年降水量的 3.71% ~ 16.04%，以 6 月、7 月和 8 月的降水量最高，分别占全年降水量的 16.04%、10.47% 和 15.32%（表 2-8）。10 月、11 月、12 月的降水量最低，为少雨期，月均降水量分别为 42.8mm、54.3mm 和 48.6mm，分别仅占全年降水量的 3.71%、4.71% 和 4.22%。

按照全年降水量为 883.5mm、降水水面面积 20.2hm^2 和每月降水比例计算，植物园景观水体每月降水量如表 2-8 所示，全年月降水量为 0.66 万 m^3 ~ 2.86 万 m^3，平均值为 1.49 万 m^3。10 月、11 月和 12 月的降水量最少，分别为 0.66 万 m^3、0.84 万 m^3 和 0.75 万 m^3；雨季 6 月、7 月和 8 月的降水量最多，分别为 2.86 万 m^3、1.87 万 m^3 和 2.73 万 m^3（表 2-9）。

松江区 1990 年 ~ 2006 年月均降水量一览表 表 2-8

月份	1 月	2 月	3 月	4 月	5 月	6 月
降水量（mm）	75.9	65.7	102.2	84.8	97.1	184.9
占比（%）	6.59	5.70	8.87	7.36	8.42	16.04
月份	7 月	8 月	9 月	10 月	11 月	12 月
降水量（mm）	120.7	176.6	99.0	42.8	54.3	48.6
占比（%）	10.47	15.32	8.59	3.71	4.71	4.22

植物园各月设计降水量 表 2-9

月份	1 月	2 月	3 月	4 月	5 月	6 月
降水量（mm）	58.2	50.4	78.3	65.0	74.4	141.7
降水量（万 m^3）	1.18	1.02	1.58	1.31	1.50	2.86
月份	7 月	8 月	9 月	10 月	11 月	12 月
降水量（mm）	92.5	135.4	75.9	32.8	41.6	37.3
降水量（万 m^3）	1.87	2.73	1.53	0.66	0.84	0.75

（2）地表径流量

根据植物园总体规划，雨水就近排入圩内河道、长浜、西陈家浜、植物园南河和园内封闭水体（沈泾河、西湖、水生园和东湖），降落到植物园绿环内的雨水全部汇入园内封闭水体。植物园绿环内的总面积约 116hm²，扣除水面面积 20.2hm² 和约 6hm² 雨水汇入辰山塘，进入园内封闭景观水体雨水的汇水面积约为 90hm²。汇水面积内综合径流系数采用绿地的径流系数 0.15 计算，则每月地表径流量如表 2-10 所示。全年累计地表径流量为 11.92 万 m³，月均变化范围为 0.44 万 m³ ~ 1.91 万 m³，其中径流量在 1 万 m³ 以上的 3 月、5 月、6 月、7 月、8 月、9 月共 6 个月份。

植物园各月设计径流量 表 2-10

月份	1 月	2 月	3 月	4 月	5 月	6 月
降水量（mm）	58.2	50.4	78.3	65.0	74.4	141.7
径流量（万 m³）	0.79	0.68	1.06	0.88	1.00	1.91
月份	7 月	8 月	9 月	10 月	11 月	12 月
降水量（mm）	92.5	135.4	75.9	32.8	41.6	37.3
径流量（万 m³）	1.25	1.83	1.02	0.44	0.56	0.50

（3）蒸发量

上海地区蒸发量采用口径为 20cm、高约 10cm 的小型蒸发器（Eφ20）安置于观测场中测定的，其大小主要由温度、水汽饱和差和风速等气象因子决定，7 月 ~ 8 月蒸发量最大，1 月份蒸发量最小。水库湖面的蒸发量比气象站小型蒸发器测定值要小，据上海市宝山站的测定结果，年均值约为气象站蒸发量的 73%，湖陆蒸发量以冬春季差异最大，夏秋季（8 月 ~ 10 月）差异最小。

为了确定植物园水汽的蒸发情况，收集了松江地区不同年代及不同月份的蒸发量情况。从图 2-7 可以看出，2002 年之前蒸发量基本在 1200mm ~ 1400mm 之间，波动变化较小；2002 年以后，蒸发量明显下降，在 800mm ~ 1000mm 之间波动。故植物园设计蒸发量取 20 世纪 90 年代以来的平均值，即 1208.4mm。

图 2-7 松 江 区 1990 年 ~ 2006 年 不同年份的蒸发量

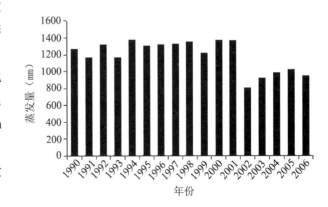

从月均蒸发量的分布来看，1990 年 ~ 2006 年期间月均蒸发量占全年的比例为 3.31% ~ 14.40%，7 月份最高，1 月份最低。5 月至 9 月的蒸发量分别占全年蒸发量的 11.30%、10.34%、14.40%、13.28% 和 10.49%（表 2-11）。

松江区 1990 年 ~ 2006 年月均蒸发量一览表　　　　　　　　　　表 2-11

月份	1 月	2 月	3 月	4 月	5 月	6 月
蒸发量（mm）	40.0	52.6	73.1	104.4	136.5	124.9
占比（%）	3.31	4.35	6.05	8.64	11.30	10.34
月份	7 月	8 月	9 月	10 月	11 月	12 月
蒸发量（mm）	174.1	160.4	126.8	99.1	67.8	48.6
占比（%）	14.40	13.28	10.49	8.20	5.61	4.02

按照植物园封闭景观水体水面面积 20.2hm²、全年蒸发量 1208.4mm 和表 2-10 的月均蒸发量比例计算，植物园各月的蒸发水量如图 2-8 所示。全年月增发量 2.03 万 m³，变化范围为 0.81 万 m³ ~ 3.52 万 m³，以 7 月份的蒸发量最大，1 月份最小（图 2-8）。

（4）绿化浇灌与硬地浇洒量

植物园设计绿化浇灌面积为 117.2 万 m²，硬地浇洒面积为 30.9 万 m²。绿化浇灌用水标准为 2.5L /（m²·d），则最高日浇灌用水量为 2930.5m³/d；硬地浇洒用水标准为 2.0L /（m²·d），最高日用水量为 618.6m³/d。上述两项合计为 3549.1m³/d，考虑 10% 未预见水量，浇灌浇洒用水量为 3900m³/d。

每月的浇灌浇洒水量与蒸发量、降水量等密切相关。绿化浇灌用水标准为 2.5L/（m²·d），相当于一天的降水量为 2.5mm。1990 年 ~ 2006 年的平均值降水量为 1152.6mm，平均值每年降水日数为 137.5d（表 2-12），平均值每天降水量为 8.4mm。降水量下降较明显的 2003 年 ~ 2006 年，平均值降水量为 883.5mm，平均值每年降水日数为 117d，平均值每天降水量为 7.6mm。因此，有降水的日子降雨量超过了绿化浇灌用水标准，则无需进行绿化浇灌及硬地浇洒。

图 2-8　植物园各月设计蒸发量（单位：万 m³）

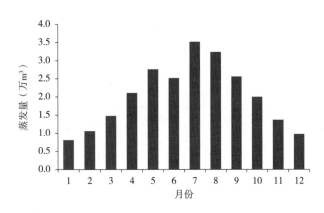

松江区 1990 年 ~ 2006 年各月降水情况（平均值）　　　表 2-12

月份	1	2	3	4	5	6
降水日数（天）	11.4	10.9	14.2	13.6	12.7	13.8
非降水日数（天）	19.6	18.1	16.8	16.4	18.3	16.2
月份	7	8	9	10	11	12
降水日数（天）	11.1	13.8	10.3	7.9	8.8	9.0
非降水日数（天）	19.9	17.2	19.7	23.1	21.2	22.0

　　松江各月的蒸发量情况如图 2-8 所示。从图中可以看出，12 月、1 月和 2 月的蒸发量较小，为 1 万 m³ 左右；3 月、4 月、10 月和 11 月为 1.2 万 m³ ~ 2.0 万 m³；5 月、6 月、7 月、8 月和 9 月都在 2.5 万 m³ 以上，最高达 3.5 万 m³。结合上海地区的实际浇灌情况，确定各月的浇灌频率如表 2-13 所示。

植物园绿化浇灌频率　　　表 2-13

月份	12 ~ 2	3	4	10	11	5	6	7	8	9
浇灌频率	不浇灌	隔天一次				每天一次				
浇灌天数	—	8.4	8.2	11.6	10.6	18.3	16.2	19.9	17.2	19.7

注：浇灌天数非降水日数和浇灌频率计算而得。

　　植物园每天浇灌浇洒用水量按 3900m³/d 计，每月浇灌日数按表 2-13 计算，则各月的浇灌水量如图 2-9 所示。全年总浇灌浇洒需水量为 50.2 万 m³，集中在 7 月 ~ 11 月，平均值为 4.2 万 m³/ 月。

图 2-9　植物园每月浇灌浇洒需水量（单位：万 m³）

　　（5）湖底渗透量

　　湖泊渗漏需水量可按以下公式计算：$W_g = \gamma \times A$，其中，γ 为研究区渗漏系数，A 为湖泊常年蓄水量。

　　植物园勘察深度范围内各主要地层工程场地浅部均为渗透性差的隔水层（黏土、淤泥质软土层等，偶夹黏质粉土层透镜体），且景观水体控制水位为 2.60m ~ 2.75m，周边地下水位在 2.60m 左右。因此，渗漏系数 γ 取 0，即不考虑湖底渗透量。

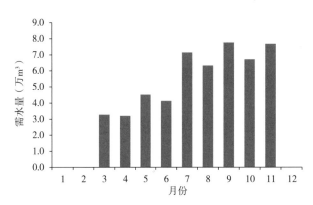

（6）补充水量计算

根据各部分水量计算值，得出各月需要的补充水量如表 2-14 所示。从表中可以看出，全年有 9 个月需要补充水量，其中 9 月份需要的补充水量最大，为 7.77 万 m³，则景观水体每天最大补充水量为 $7.77 \times 10^4 \text{m}^3/30\text{d} = 2590\text{m}^3/\text{d}$。

植物园景观水体各月所需补充水量（单位：万 m³）　　　表 2-14

月份	景观浇灌量	湖底渗透量	蒸发量	水面降水量	地表径流量	补充水量
1	0	—	0.81	1.18	0.79	−1.16
2	0	—	1.06	1.02	0.68	−0.64
3	3.28	—	1.48	1.58	1.06	2.12
4	3.2	—	2.11	1.31	0.88	3.12
5	4.52	—	2.76	1.5	1.00	4.78
6	4.13	—	2.52	2.86	1.91	1.88
7	7.14	—	3.52	1.87	1.25	7.54
8	6.32	—	3.24	2.73	1.83	5.00
9	7.76	—	2.56	1.53	1.02	7.77
10	6.71	—	2	0.66	0.44	7.61
11	7.68	—	1.37	0.84	0.56	7.65
12	0	—	0.98	0.75	0.50	−0.27

注：（1）补充水量＝景观浇灌量＋蒸发量－水面降水量－地表径流量，湖底渗透量不计；
（2）负值表示该月份因降水需从封闭景观水体向外部排水。

4.3　循环水系统设计

4.3.1　水循环周期

一些小型的景观水体通常按处理周期为 48h ~ 72h 设计，比如北京玉泉山九大湖系、北京万泉河、北京菖蒲河、深圳燕栖湖、深圳欢乐谷河湖水系、深圳锦绣中华翠湖、深圳世界之窗美洲湖、澳洲湖等。根据这些河湖运行几年的情况来看，循环周期采用 48h 时，夏季时水体能见度可达到 1m。一般在暴雨时，都会出现混浊，雨后循环 2 个 ~ 3 个周期（即 4d ~ 6d）后水体又可以恢复清澈。

对于一些容积较大的景观水体来说，若采用同样的循环周期，往往会由于循环水量太大而使得运行费用非常昂贵。从国内相似景观水体的循环周期设计来看，通常采用 15d ~ 30d 的循环周期。如天津开发区的再生水生态系统分为河道和人工湖两部分，生态渠总长 2275m，河道平均值水深 1.3m，蓄水容量约 22.5 万 m³，设计循环水量 1.5 万 m³，循环周期为 15d；而实际循环水量约为 1.0 万 m³，循环周期为 23d。重庆大学虎溪校区人工湖是一座中型规模的景观水体，是校园景观的重要组成部分，人工湖由学子湖和世纪湖两个大的水体以及连接两个水体的河道组成，周长为 1900m，水面面积为 3.98 万 m²，湖容积为 6.82 万 m³，平均值水深为 1.71m，自然汇水面积为 17.23 万 m²，水体按 30d 循环处理一次设计 [9]，人工湖湖形设计如图 2-10 所示，与植物园景观水体的格局和体量相似，可比性较高。由于植物园景观水体设计时考虑了水生植物、水生动物等，组成了一个完整的生态系统，水体自净能力较强。因此，循环周期按上限取值，设计值为 30d。

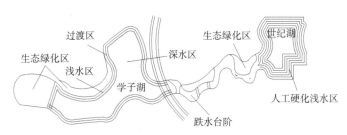

图 2-10 重庆大学虎溪校区人工湖湖形设计图

4.3.2 循环水量确定

植物园封闭景观水体的总面积为 20.2hm²，沈泾河河口宽 23m，控制水位为 2.75m，河底标高 0 ~ 0.8m；西湖水域控制水位 2.7m，水底标高 –1.0m；水生园水位 2.6m，水底标高 0m，东湖控制水位 2.6m，水底标高 –2.0m。沈泾河、西湖、水生园和东湖在设计控制水位时总水量约为 36.6 万 m³，水量估算如表 2-15 所示。景观水体循环周期取 30d，封闭景观水体总水量约为 36.6 万 m³，则总循环水量约为 1.22 万 m³/d。

辰山植物园封闭景观水体水量估算表　　　　　　　　　　　　　　表 2-15

序号	名称	水面面积（万 m²）	平均值水深（m）	保有水量（万 m³）
1	沈泾河	2.0	1.75	3.5
2	西湖、水生园	13.2	1.75	23.1
3	东湖	5.0	2.00	10.0
	合计	20.2	—	36.6

4.3.3 水循环结构

植物园景观水体由上海园林设计院设计，设计时根据水景的需要构建了一个循环回路：在东湖设两台循环泵，参数为 Q=200m³/h，h=12m，N=18.5kW，提升湖水一部分通过 ND300 循环水管进入沈泾河，一部分通过 ND400 循环水管进入水体净化场经过处理后汇入沈泾河，沈泾河水流经三条溪流进入西湖，再经过西湖和水生园之间的滚水坝进入水生园，水生园和东湖之间设 DN1000 连通管，湖水从连通管流回东湖；东湖的水再经过泵站提升进入下一个循环（图 2-11）。动力系统以湖区建设地形、自然流向、水系连通为主导，通过设置泵站，形成封闭水体的循环结构，解决水体流动动力问题。

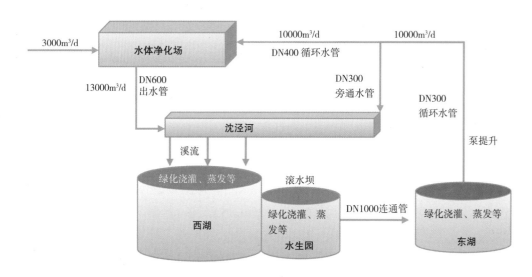

图 2-11 景观水体循环净化示意图

注：西湖、水生园、东湖绿化浇灌和蒸发水量共3000m³/d

根据计算，植物园景观水体需补充水 3000m³/d，考虑自净功能所需的循环水量为 10000m³/d。由于补充水水质较差，以及封闭景观水体受外部污染影响，需对补充水和循环水进行净化处理，两股水进入水体净化场处理后再流入景观水体。东湖设置的两台循环泵总流量为 9600m³/d，基本可以满足自净循环的要求，经核算，水泵扬程也满足要求，因此水循环利用现有的两台循环泵，不再新增循环水泵。

4.3.4 水动力分析

为了营造良好的景观效果，植物园内的水体形状均较为曲折，使得水体在流动及风力的影响下会形成较多的死角区域，往往会成为垃圾堆积及藻类滋生。植物园水系设计中景观水体循环方向为沈泾河→西湖→水生园→东湖→沈泾河，沈泾河和西湖由三条溪流连通，西湖内水体由滚水坝跌落进入水生园，水生园和东湖由一根 DN1000 管道连通；在东湖设置循环泵房，东湖水由循环水泵提升进入沈泾河。为了解景观水体的水流状况，以 fluent6.2 软件为工具进行数值模拟，Gambit 软件建模的几何尺寸取实际工程设计值。

4.3.4.1 西湖和水生园水动力分析

由于技术方面的原因，对进出西湖和水生园的水量进行了简化，不考虑沿程损耗，进水和出水都按 1.3 万 m³/d。进水口共 3 处溪流，每个进水口流量以 4300m³/d 计。出口共一处，为压力出口（DN1000 管道）。通过分析西湖和水生园流速大小、X 方向流速、Y 方向流速，绘制流线和迹线图，具体结果详见图 2-12 至图 2-16。

图 2-12 西湖和水生园湖内流速大小分布图（左）

图 2-13 西湖和水生园湖内 X 方向流速图（由左向右为正）（右）

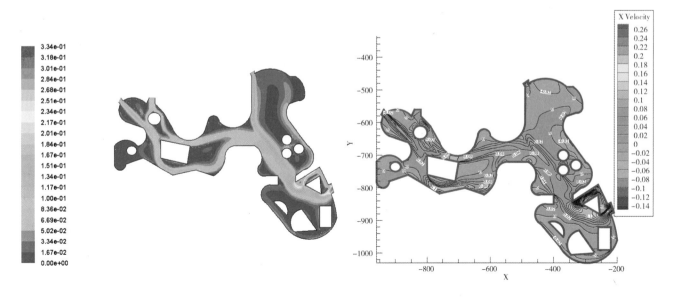

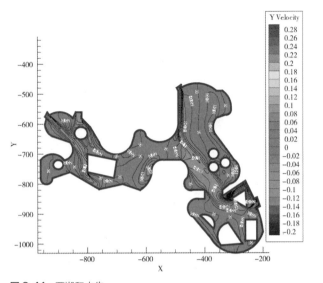

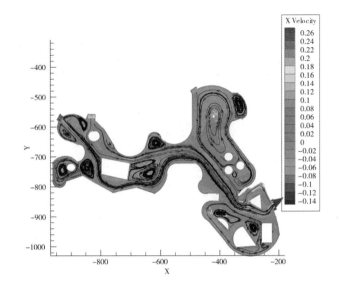

图 2-14 西湖和水生园湖内 Y 方向流速图（由下向上为正）（左）

图 2-15 西湖和水生园湖内流线图（右）

图 2-16 西湖和水生园湖内迹线图（左）

图 2-17 西湖和水生园可能存在的死角区（右）

综合分析西湖和水生园的流速大小、X 方向流速、Y 方向流速、流线和迹线图，发现从 X 方向流速和 Y 方向流速的等值线图（图 2-13 和图 2-14）中可知 A、B、C、D、E 等 5 处水流流速几乎接近零；分析流线图（图 2-15）认为 A～E 存在回流或形成死区，水流停留时间可能延长，而迹线跟踪结果也（图 2-16）显示了水流最有可能的路径，均不经过 A～E 五处。因此，A、B、C、D、E 等 5 处存在水流流速很小区域，可以认为是水流的死角（图 2-17）。因此，需要通过增设助流装置来推动水体流动和提高水动力。

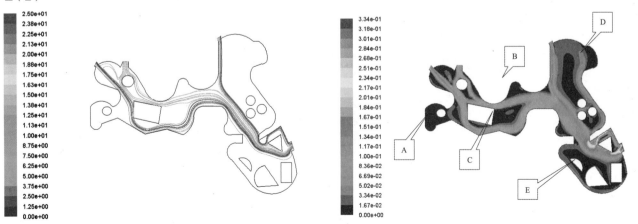

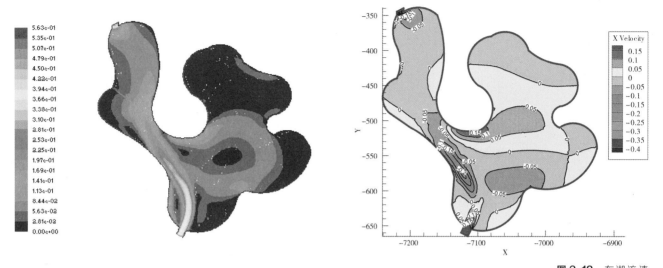

图 2-18 东湖流速大小分布图（左）

图 2-19 东湖湖内X方向流速图（右）

图 2-20 东湖湖内Y方向流速图（由下向上为正）（左）

图 2-21 东湖湖内流线图（右）

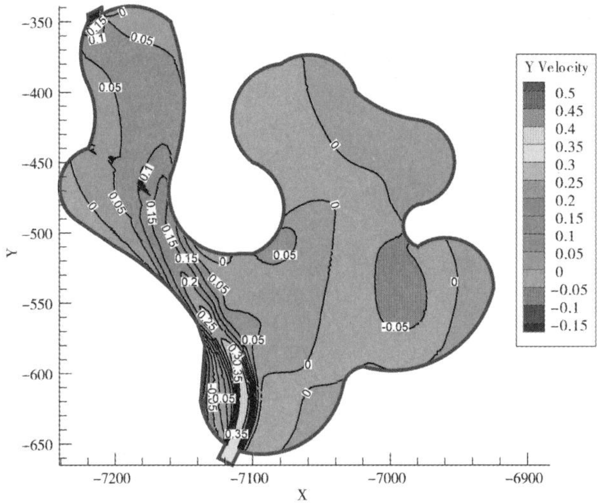

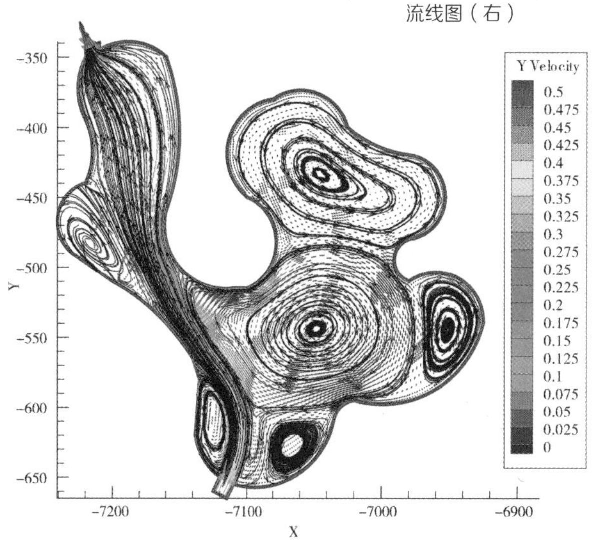

4.3.4.2 东湖水动力分析

东湖进水口共 1 处，为速度进口，流量以 1.2 万 m³/d 计。出口共一处，为压力出口。通过分析东湖湖内流速大小、X 方向流速、Y 方向流速，绘制流线和迹线图，具体结果详见图 2-18 至图 2-23。

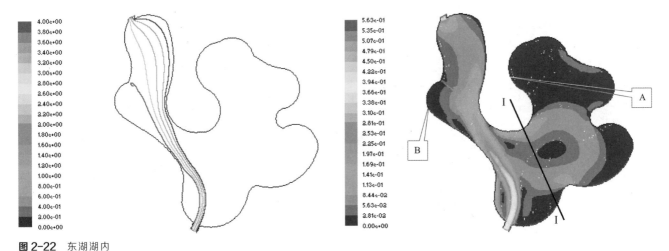

图 2-22 东湖湖内迹线图（左）

图 2-23 东湖可能存在的死角区（右）

综合分析东湖的流速大小、X 方向流速、Y 方向流速、流线和迹线图，发现 A、B 处存在水流流速很小区域，I-I 线右侧的 A 区域面积较大，B 区域面积较小（图 2-23）。从 X 方向流速和 Y 方向流速的等值线图（图 2-19 和图 2-20）中可知，这 2 处水流流速几乎接近零；分析流线图（图 2-21）认为 A 区域存在回流和死区，水流停留时间可能延长；迹线跟踪结果（图 2-22）显示水流最有可能的路径，不经过 A 和 B 两处。因此，需要通过射流装置来增加水体流动。

4.4 水体净化场设计

水体净化场是基于混凝沉淀技术建设的水体初步处理装置，主要去除水体中悬浮物，总磷和部分有机物，主要工艺流程如图 2-24 所示。循环水由东湖的循环水泵经 DN400 循环水管提升进入混凝沉淀池，补充水由 DN200 连通管经取水井引入原水调节塘，由管道泵提升进入人工强化处理装置的混凝沉淀池，混凝沉淀处理后由于重力流入后续充氧池，经曝气复氧后进入表面流人工湿地和水平潜流人工湿地。合流后经 DN600 管道重力流入景观水体（沈经河）。混凝沉淀池物化污泥由压力排入污泥浓缩塘自然浓缩，上清液重力流入原水调节塘，浓缩污泥定期外运处置。

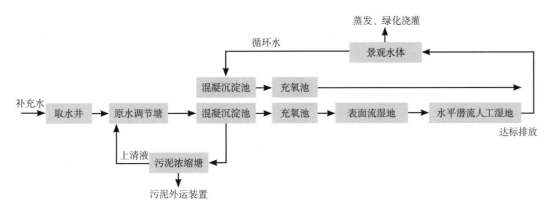

图 2-24 水体净化场工艺流程图（参考：汪宏渭.人工强化—人工湿地复合技术在城市景观水体净化中的应用.城市道桥与防洪，2011，（6）：122-124，318.）

参考文献

[1] 瓦伦丁，丁一巨.上海辰山植物园规划设计 [J].中国园林，2010，26（1）：4-10.

[2] 上海园林（集团）有限公司.上海辰山植物园景观绿化建设 [M].上海科学出版社，2012.

[3] 孟凡玉，朱育帆.废地、设计、技术的共语—论上海辰山植物园矿坑花园的设计与营建 [J].中国园林，2017，33（6）：39-47.

[4] 彭红玲，方海兰，郝冠军，等.上海辰山植物园规划区水土质量现状 [J].东北林业大学学报，2009，37（5）：43-47.

[5] 杨学懂.景观水体修复与水质保障技术研究及工程示范 [D].复旦大学，2012.

[6] 张勇伟.上海辰山植物园景观水体生态净化技术集成应用 [J].上海交通大学学报（农业科学版），2014，32（3）：62-68.

[7] 商侃侃.城市大型景观水体水质维护系统管理优化探讨 [J].中国园林，2015，31（5）：71-74.

[8] 茹雯美.上海辰山植物园的"雨水管理" [J].城市道桥与防洪，2012，（3）：99-103.

[9] 张智，张勤，杨骏骅.重庆大学虎溪校区人工湖水体工程设计 [J].中国给水排水，2006，22（6）：50-53.

[10] 汪宏渭.人工强化—人工湿地复合技术在城市景观水体净化中的应用 [J].城市道桥与防洪，2011，（6）：122-124，318.

第 3 章 ‖

公园绿地海绵体构建技术与途径

海绵城市核心是合理地控制降落在城市下垫面的雨水径流，使雨水就地消纳和吸收利用，其效果关键在于不断提高"海绵体"的规模和质量。城市海绵体既包括河、湖、池塘等水系，也包括绿地、花园、可渗透路面等城市配套设施。海绵体构建技术的选用需要针对待建区域的地形坡度、土壤类型、土地利用等情况，进行适宜性分析，筛选合适的低影响开发设施和技术。海绵城市建设的实现途径为依据"渗、滞、蓄、净、用、排"六大要素而采用相应的技术措施，其原则为优先"净、蓄、滞"措施，合理选用"渗""排"措施，优化"用"措施。

植物园采用"低影响开发"的理念，结合规划区域当地气候、土壤和土地利用等条件，统筹考虑雨洪管理、径流污染控制、雨水资源化和景观水体水质维护等多个目标。根据公园绿地系统规划和景观水体设计，应用了"渗、滞、蓄、净、用、排"相适宜的设施布局和规模，合理选择构建了透水铺装、屋顶绿化、绿环渗透系统、湿生植物园、水生园、旱溪花镜、水体蓄存、沟管网络蓄存、雨水湿地/湿塘、人工强化处理、生物强化处理和水生生态系统重建等设施及其组合系统，实施了渗透系统、截污净化系统、储存利用系统、开放空间多功能调蓄等多种雨水利用途径。整个植物园海绵体经过多年运行和维护，目前在景观水体水质维护和雨水利用上发挥了重要作用。

本章以海绵城市建设的"渗、滞、蓄、净、用、排"六字方针为主线，通过调查梳理植物园内海绵体设施类型及其技术特点，分析各项设施种类的适宜性及其雨水利用特点，为公园绿地海绵体构建和营造提供参考。

1　渗透设施

在城市建设中，许多城市大量采用沥青、混凝土等不透水地面，取代原有的土壤表面；对人行道、露天停车场、庭院及广场等公共场所，也采用整齐漂亮的石板材或水泥彩砖铺设。不透水地面虽然改善交通和道路状况、美化环境，但是对城市生态和气候环境产生显著的不利影响，改变了原有自然生态本底和水文特征。因此，要加强自然的渗透，减少从硬化路面、屋顶等汇集到管网过程中产生的流失，同时雨水下渗可以涵养地下水、补充地下水，并可通过土壤净化水质。雨水渗透的方法多样，主要是改变各种路面、地面铺装材料，改造屋顶绿化，调整绿地竖向，从源头将雨水留下来然后"渗"下去，是绿色生态城区建设的重要发展方向。

1.1　透水铺装

透水铺装作为一种新兴的城市铺装形式，通过采用大孔隙结构层或排水渗透设施，使得雨水能够通过铺装结构就地下渗，从而达到控制地表径流、雨水利用等目的。植物园区道路透水铺装采用透水混凝土和透水沥青等形式构成，应用于非行车道路（图 3-1），主要分布在华东植物区系园、科研中心楼前面、月季岛、旱溪花镜等地。其中，透水混凝土系采用水泥、水、透水混凝土增强剂（胶结材料）掺配高质量的同粒径或间断级配骨料所组成的，并具有一定空隙率的混合材料。

景观透水铺装采用防腐木铺装、缀花石板、植草格或孔形混凝土砖、有机覆盖物等形式，形成景观透水铺装（图 3-2），主要分布在岩石药用园、主景观道、城市菜园等景观点。其中，有机覆盖物是利用各种有机生物体材料通过各种生产工艺，加工处理后铺设于园艺植物或树木周围土壤表面，起保持土壤水分、吸附扬尘、调节土壤温度、增加土壤肥力、抑制杂草、促进植栽生长、减少土壤侵蚀和紧实度以及装饰美观等作用。

图 3-1　透水混凝土道路透水铺装（著者拍摄）

1.2　屋顶绿化

辰山植物园屋顶绿化应用在综合楼、展览温室、科研中心三个主题建筑物上，面积分别为 8875m²、5200m² 和 5880m²，土层厚度为 30cm ~ 50cm，

图 3-2　透水沥青道路透水铺装（著者拍摄）

主要绿地类型为草坪、月季资源圃和灌木绿篱（图3-3，表3-1）。植物种类有狗牙根（*Cynodon dactylon*）、近300个品种的月季花（*Rosa chinensis*）、珊瑚树（*Viburnum odoratissimum*）和红叶石楠（*Photinia × fraseri*）等。在屋顶绿化中，还常出现有朴树（*Celtis sinensis*）、重阳木（*Bischofia polycarpa*）、桑（*Morus alba*）、栾树（*Koelreuteria paniculata*）等自生木本植物以及一年蓬（*Erigeron annuus*）、香附子（*Cyperus rotundus*）、阿拉伯婆婆纳（*Veronica persica*）、酢浆草（*Oxalis corniculata*）、喜旱莲子草（*Alternanthera philoxeroides*）、狗尾草（*Setaria viridis*）、龙葵（*Solanum nigrum*）、臭独行菜（*Lepidium didymum*）、碎米荠（*Cardamine hirsuta*）、乌蔹莓（*Cayratia japonica*）、荠（*Capsella bursa-pastoris*）、艾（*Artemisia argyi*）、铁苋菜（*Acalypha australis*）、早熟禾（*Poa annua*）、宝盖草（*Lamium amplexicaule*）等自生草本植物共同营造出屋顶花园。据估算通过温室屋顶每年大约可滞留蓄水400t，相当于供7d温室植物浇灌的用量。

防腐木铺装　　　　缀花石板

缀花石块　　　　有机覆盖物

图 3-3 景观透水铺装（著者拍摄）

图 3-4　园区屋顶绿
化海绵体（著者拍摄）

屋顶绿化面积及主要植物种类　　　　　　　　　　　　　　表 3-1

区位	绿化面积（m²）	绿化植物
综合楼	8875	狗牙根
展览温室	5200	月季、红叶石楠、珊瑚树、狗牙根
科研中心	5880	狗牙根

1.3　绿环渗透设施

绿环渗透设施是根据全园植被、土壤、建筑等具体情况进行设计的，其作用机理是：初始雨水经过地表土和碎石层雨水渗透，土层和碎石将雨水中的固体污染物及颗粒较大的胶体颗粒吸附，雨水得到初步净化后，通过地下铺设管道汇聚，超过渗透能力的雨水则通过城市排水管网疏导[1, 2]。

绿环为上下起伏的带状地形，总长度约为 4500m，宽度从 40m 至 200m 不等，占地面积约 40hm²，主要以渗透排水为主，由表层土、地表水疏导口、碎石层、排水管、汇水管和雨水蓄水池构成[3]（图 3-5）。采用透气、透水性能较好的建筑垃圾堆筑绿环，使降落在绿环上的雨水经垂直渗透直达绿环底部的碎石排水层。

另外，考虑到暴雨时约有 0.72m³/s 雨水从绿环表面径流而下，结合景观方案和竖向设计在绿环内侧的坡脚下设置一条排水沟，截流绿环表面的径流雨水和绿环底部排水层的渗透雨水（图 3-6）。

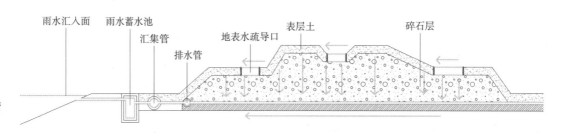

图 3-5 绿环区沟管网络渗透蓄存系统

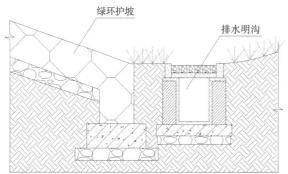

图 3-6 绿环区径流雨水收集剖面图与实景图

2　滞留设施

　　海绵城市"滞"技术的主要作用是延缓短时间内形成的雨水径流量而导致的径流高峰，通过微地形调节，让雨水慢慢地汇集到一个地方，通过时间置换空间的方式最大限度地收集雨水。植物园雨水滞留的空间形式以雨水花园为主，通过构建湿生植物园、水生园和旱溪花镜等渗透滞留设施来控制雨水径流量，既可减少雨洪径流量、回灌地下水，又可在美化环境、净化水质方面起到一定作用。

2.1　湿生植物园

　　湿生植物园由 3 块近似椭圆形的小岛组成，每个小岛均被湖水围绕，通过增加微

图 3-7 湿生植物园
植物景观（著者拍摄）

地形便于塑造时起时伏的竖向景观，结合内部水溪和外部湖面，犹如自然界中的条状湿地（图 3-7）。通过木栈道联系观赏步道，植物配置：上木以水杉（*Metasequoia glyptostroboides*）、池杉、中山杉（*Taxodium* 'Zhongshanshan'）、落羽杉、柳杉（*Cryptomeria japonica* var. *sinensis*）、墨西哥落羽杉（*Taxodium mucronatum*）等各类杉林为主，其下木采用自然式的水生植物景观。主要展示以下三个方面：（1）水生植物群落的"层片"结构特征；（2）水生植物群落的生态演替系列，用空间代替时间的方法，展示水生植物—湿生植物—陆生植物的发生过程；（3）展示自然水体沿岸带的植被分布模式，即岸边挺水植物、逐步过渡到浮叶植物和沉水植物，深水区无植物。

植物种植结构由 6 个部分组成：（1）植被层，主要采用去污能力强、抗逆性较好的植物，这类植物能够对径流中的重金属离子、营养物进行吸收和吸附，减缓雨水径流和污染物质流动；（2）腐殖土层，为植被层提供营养，通过土壤吸附雨水中的悬浮物，土壤中的微生物还可以去除油类物质及病原体等；（3）土工布层，防止土壤颗粒进入透水层；

（4）透水层，雨水经此能快速下渗；（5）贮水空间，在雨水径流较大时，有缓解渗透压力的作用，并增大径流的下渗能力；（6）渗透层，雨水由此渗入地下，并基本上得到有效净化。

根据现场景观需要、水深和护岸类型等情况，适用上述生态系列的不同生态类型水生植物还有许多可以替换或选用，从而组合成丰富多样的植物景观。例如，挺水植物有泽泻慈姑（*Sagittaria lancifolia*）、金线蒲（*Acorus gramineus*）、泽泻（*Alisma plantago-aquatica*）、芦苇（*Phragmites australis*）、芦竹（*Arundo donax*）、雨久花（*Monochoria korsakowii*）、风车草（*Cyperus involucratus*）、美人蕉（*Canna indica*）、菖蒲（*Acorus calamus*）、千屈菜（*Lythrum salicaria*）、水葱（*Schoenoplectus tabernaemontani*）、香蒲（*Typha minima*）、再力花（*Thalia dealbata*）、蒲苇（*Cortaderia selloana*）等；浮叶植物有水鳖（*Hydrocharis dubia*）、金银莲花（*Nymphoides indica*）、黄花水龙（*Ludwigia peploides* subsp. *stipulacea*）、荇菜（*Nymphoides peltata*）、睡菜（*Menyanthes trifoliata*）、欧亚萍蓬草（*Nuphar lutea*）、水金莲花（*Nymphoides aurantiaca*）、水皮莲（*Nymphoides cristata*）等；沉水植物有苦草（*Vallisneria natans*）、金鱼藻（*Ceratophyllum demersum*）、伊乐藻（*Elodea canadensis*）、黑藻（*Hydrilla vertieillata*）等。

2.2　特殊水生植物园

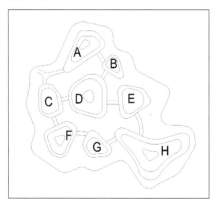

图3-8　特殊水生植物园8个泡分布图（著者绘制）

特殊水生植物园植物种植时，采用土工布防渗保水，营建了不同高度的砖混结构隔离开的8个主题展示池。每个种植池深度为80cm，对池底进行夯实，加盖单层土工布，土工布与池边用不锈钢固定。池内用1/2砖块加水泥从池底进行分隔，墙体高度50cm～70cm。各种植池常水位高度设计均为75cm，挺水湿生植物种植层高度为65cm，低于常水位10cm，沉水和浮叶植物种植层高度为45cm，低于常水位30cm。依据种植池面积、分快数、种植层厚度和分隔墙体高度，从A池至H池依次为精品池、科普池、浮叶植物池、沉水植物池、可食用水生植物池、禾本科—莎草科植物池、泽泻科植物池、睡莲科植物池（图3-8）。

特殊水生植物园种植池面积、分块数、种植层厚度、分隔墙体高度等情况见表3-2。首先对8个种植池池底黏土进行夯实，再加盖单层土

整理场地

夯实黏土

铺设防渗膜

封压固定

图 3-9 特殊水生植物园种植池土建过程（著者拍摄）

特殊水生植物园种植池及池内分隔情况（来源：崔心红等[5]，2010）　　　　表 3-2

种植池	面积（m²）	分块数	种植层厚（cm）	分隔总高度（cm）	分隔高于种植层距离（cm）
A	40.5	16	65	70	5
B	12.0	9	65	70	5
C	43.0	16	65	70	5
D	169.7	24	45	50	5
E	45.0	21	65	70	5
F	50.0	17	65	70	5
G	22.0	10	65	70	5
H	110.5	30	45	50	5

工布，土工布与池边用不锈钢条封压固定[6]（图 3-9）。种植池内用 1/2 砖块加水泥从池底进行分隔，其中 D 池、H 池的分隔墙体高度为 50cm，A、B、E、F、G 池分隔墙体高度为 70cm。每个种植池深度为 80cm，回填原土 20cm。由于原土黏性较大，透气性差，养分含量低，为了满足水生植物营养和对基质的要求，在分隔后加入一定配比的山泥、中砂、有机介质和有机生态肥。回填原土和营养基质后，要求其种植层厚度低于分隔墙体高度 5cm。各种

植池常水位高度设计均为 75cm，其中 A、B、E、F、G 池高于分隔墙体 5cm，D、H 池高于分隔墙体 25cm。A、B、E、F、G 池大多为挺水湿生植物，其种植层高度为 65cm，低于常水位 10cm。D、H 池为沉水和浮叶植物池，其种植层高度为 45cm，低于常水位 30cm。

特殊水生植物园内圈种植高大挺拔的朴树（*Celtis sinensis*）、银杏（*Ginkgo biloba*）、七叶树（*Aesculus chinensis*），配以常绿的香橼（*Citrus medica*），适当点缀牛筋条（*Dichotomanthe stristaniicarpa*）、樱花（*Cerasus×yedoensis*）、细花泡花树（*Meliosma parviflora*）等开花乔灌木；外圈种植垂柳、金丝柳（*Salix×aureo-pendula*）、沼生栎（*Quercus palustris*）、弗吉尼亚栎（*Quercus virginiana*）等耐湿乔木，配以常绿的红果冬青（*Ilex rubra*）、石楠（*Photinia serratifolia*）等，体现简洁大气的景观风格。种植品种以展示水生植物丰富的种类及其类型为主，以展示具有景观效果的、科普教育意义的、重要用途的和特殊类型的水生植物为主题，种植有代表性水生植物共 125 种（含品种），见附表 1，成为科普观光的休闲场地。

2.3　旱溪花镜

旱溪花镜是一种模拟自然干枯河床环境的花镜，通过各类飘逸野趣的多年生草本及少量乔灌木，营造四季花开不断，五彩斑斓的精致景观。园区旱溪花镜位于 3 号门入口处北美植物园区域，目前共有两条，分为南北两个区域，配置的主要植物种类见附表 2。北区旱溪建成于 2010 年，全长 260m，面积 5900m²，利用低洼地形、雨水径流的原有特点，设计成了一条可减缓雨水冲刷、汇集雨水的旱溪花镜。种植了 120 余种（含品种）植物，其中以 30 余种（含品种）观赏草为主干，搭配宿根花卉、小乔木和花灌木，由南向北形成粉、黄、白、紫、绿 5 种主色调。南区旱溪花境于 2018 年建成，全长 200m，面积 2200m²，全园共种植了 150 余种（含品种）各类植物，重点利用现状乔木及较大的花灌木、大型观赏草形成骨架，中型、小型观赏草及宿根花卉以花境的形式组团种植，打破了原排水沟的直线性，植物间搭配高低错落。

旱溪溪底用卵石铺设而成，游路用花岗岩碎石镶嵌草坪铺地，可减少土壤的雨水冲刷，防止水土流失，同时利用植物根系涵养水源。在植物配置方面，利用多年生宿根花卉、观赏草、水生植物等营造景观效果，在观赏性上做到三季有花、四季有景（图 3-10）[7]。将耐水湿植物品种种植在地势低洼的溪底卵石缝隙间，能适应半水湿、半干旱的生长环境；

将旱生的植物种植在路边。旱溪花镜中应用了大量的观花植物，其中红色系的有火炬花（*Kniphofia uvaria*）、天人菊（*Gaillardia pulchella*）、美丽月见草（*Oenothera speciosa*）、红王子锦带花（*Weigela florida* 'RedPrince'）、月季花等；蓝紫色系的有穗花（*Pseudolysimachion spicatum*）、密花千屈菜（*Lythrums alicaria cv.*）、紫娇花（*Tulbaghia violacea*）、柳叶马鞭草（*Verbena bonariensis*）、金叶莸（*Caryopteris×clandonensis* 'WorcesterGold'）、穗花牡荆（*Vitex agnus*-castus）等；黄色系的有黄菖蒲（*Iris pseudacorus*）、大花金鸡菊（*Coreopsis grandiflora*）、黄金菊（*Euryops pectinatus*）等；白色系的有山桃草（*Gaura lindheimeri*）、毛地黄钓钟柳（*Penstemon digitalis*）、滨菊（*Leucanthemum vulgare*）等。其次，旱溪花镜的配置中还应用了大量的观赏草品种，如矮蒲苇（*Cortaderia selloana* 'Pumila'）、花叶蒲苇（*Cortaderiaselloana* 'Silver Comet'）、细叶芒（*Miscanthus sinensis* 'Gracillimus'）、斑叶芒（*Miscanthus sinensis* 'Zebrinus'）等，为旱溪花镜的两侧打造出了一幅极为自然野趣的背景。最后，通过彩叶桤柳（*Salix integra* 'HakuroNishiki'）、金森女贞（*Ligustrum japonicum* var. *Howardii*）、银霜女贞（*Ligustrum japonicum* 'JackFrost'）、银姬小腊（*Ligustrum sinense* 'Variegatum'）等各类彩叶花灌木进行点缀。

图 3-10　旱溪花镜的植物应用与景观（著者拍摄）

3 调蓄设施

海绵城市"蓄"技术主要包括保护、恢复和改造城市建成区内河湖水域、湿地并加以利用，因地制宜地建设雨水收集调蓄设施等，主要目的是降低径流峰值流量，为雨水利用创造条件。目前海绵城市蓄水环节没有固定的标准和要求，蓄水样式多样，常分为自然蓄水设施和人工构筑物设施两大类。

3.1 自然水体蓄存

按照已确定植物园总体规划和设计思路，必须寻找雨水蓄存场所，将多余的径流雨水存储备用。通过竖向设计筑山挖湖，营造高低错落、连绵起伏的山丘和缓坡，将植物园内的地表雨水径流汇集至各水体滞留蓄存，减少和降低雨水向城市管网的排放，削减城市洪峰流量，延缓洪峰时间。通过计算植物园景观水体的水量（表 3-3），只有 6 月份的雨水量多于该月份的用水量 0.64 万 m^3，而 6 月份的雨量也是最多的，这就意味着只要满足 6 月份的雨水量蓄存就能达到目的。

植物园水体水量平衡表（单位：万 m^3）　　　　表 3-3

月份	杂用水量	湖底渗透量（估）	蒸发量	水体汇水总量	累积传输雨量
1	10.21	0	0.78	4.34	−6.65
2	10.34	0	0.88	3.09	−8.14
3	10.83	0	1.24	7.42	−4.65
4	11.62	0	1.83	3.09	−10.36
5	12.32	0	2.36	5.00	−9.68
6	12.09	0	2.19	14.92	0.64
7	13.11	0	2.95	10.87	−5.19
8	12.98	0	2.86	11.46	−4.38

续表

月份	杂用水量	湖底渗透量（估）	蒸发量	水体汇水总量	累积传输雨量
9	11.96	0	2.09	5.88	−8.17
10	11.50	0	1.75	2.79	−10.46
11	10.77	0	1.22	2.50	−9.50
12	10.39	0	0.91	2.13	−9.16

整个植物园有水面积约 20.2hm²，设计常水位在 2.5m ~ 2.8m 之间。若将水体的溢水位或排涝水位设在常水位之上的某一标高内，则常水位和溢水位之间将是一个非常理想的蓄存雨水的空间。将最高水位控制在常水位之上 0.5m，整个水体将有近 15 万 m³ 的蓄存空间（图 3-11）。为了不影响水岸景观，景观设计师将园中近 70% 的水岸设计成生态岸线，并在此区间内按可淹要求设计。

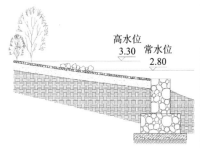

图 3-11 可蓄水水岸剖面图和实景图

3.2 沟管网络蓄存

整个植物园种植面积约 120hm²，既有高台地又有低洼区。在利用地形疏导雨水径流时，综合考虑了雨水径流的时间、场地、植被等因素，在大面积的绿地中设置明沟、草沟、盲沟等预处理沟，上下贯通，纵横交错织成立体的蓄排水网络，对雨水进行引导和土壤渗滤净化（图 3-12）。全园的明沟约长 13000m，主要分布在绿环内侧下方；盲沟约长 15000m，主要分布在园区植物展示中心区域，组成一张雨水的蓄积净化网，形成了近 5000m³ 的地下表层储水空间。

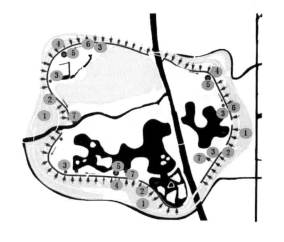

1 有碎石层的绿环

2 地表排水方向

3 绿地雨水蓄水池

4 屋顶雨水收集

5 蓄水池

6 雨水汇集

7 降水汇入水面

图 3-12 沟网平面图

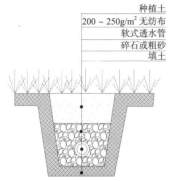

种植土
200 ~ 250g/m² 无纺布
软式透水管
碎石或粗砂
填土

图 3-13 含透水管盲沟
剖面图与实景图

图 3-14 雨水湿地 / 湿
塘实景图（著者拍摄）

中心区域地形基本以平地为主，场地设计标高在 3.5m 至 4.0m 之间。每个专类园的地形都高出周边场地 0.5m ~ 0.8m，考虑到整个中心区场地排水坡度较小，表面径流缓慢。因此，在低洼区、各专类园的坡脚下和园路边布置盲沟（图 3-13）。盲沟内满铺碎石，并用无纺布包围，表层是结构良好的种植土。用盲沟汇集雨水不仅增大了土壤的雨水存储空间，同时还能增加净化水质的功能。

3.3 雨水湿地 / 湿塘

湿塘是具有雨水调蓄和净化功能的景观水，雨水湿地利用物理、水生植物及微生物等作用来净化雨水，是一种高效的径流污染控制设施。湿塘平时发挥正常的景观、休闲和娱乐功能，暴雨发生时发挥调蓄功能，实现土地资源的多功能利用。雨水湿地与湿塘的构造相似，一般由进水口、前置塘、沼泽区、出水池、溢流出水口、护坡及驳岸、维护通道等构成。植物园利用园区洼地、低凹地建设成为雨水湿地 / 湿塘，包括矿坑花园的镜湖、北区的小型封闭水体以及人工湿地净水厂的植物净化塘等设施（图 3-14）。

4 净化设施

受到污染的河流或其他水体，经过物理、化学和生物的作用，使排入水体的污染物的浓度随水体向下游流动而自然降低，重新使水体中的各项水质指标（如细菌、溶解氧、生化需氧量等）及河流生物群恢复正常的自然过程，被称为净化。土壤、植被、绿地系统、水体等媒介，都能对水体水质产生净化作用。污水经过净化处理后可以回用到城市生活生产中。辰山植物园景观水体的净化处理除了土壤渗滤处理外，还在园区西面设置了人工强化处理和生物强化处理设施以及园区的原位生态修复措施，共同维护景观质量。

4.1 人工强化处理系统

人工强化处理系统由取水井、原水调节塘、人工强化处理装置以及自动加药装置、充氧池设射流曝气机、轴流通风机等部分预处理单元组成[8]。若将未经预处理的污水直接引入人工湿地，尽管人工湿地对各种污染物的去除能力很强，处理水的各项指标通常也能达到排放标准，但容易在湿地的前端形成淤塞，增加湿地的运行维护成本，往往使湿地难以长期稳定的运行，所以有必要进行补充水的预处理。通过设置取水井、原水调节塘、污泥浓缩塘和人工强化处理等设施组成人工强化处理系统。

4.1.1 取水井

设置取水井 1 座，平面尺寸为 3.75m×1.5m，深 3.1m，位于沈泾河西闸附近，从植物园南河取水后经井内隔栅进入原水调节塘，手动隔栅规格为板厚 0.4m。

4.1.2 原水调节塘

原水调节塘设计水力停留时间为 4h ~ 8h，主要作用为调节水量和均衡水质。原水调节塘呈不规则形，面积 740m²，深 4.3m ~ 4.7m。塘内设隔栅井一座，平面尺寸 1.4m×1.4m，深 2.4m，上设不锈钢隔栅板，尺寸 900mm×900mm。原水调节塘利用 DN200 取水管连接水体净化场区南侧取水井，引水进入预沉淀，出水进入人工强化处理装置的混凝沉淀池（图 3-15）。实际运行时校核计算水力停留时间约为 12h，大于规范要求的 4h ~ 8h。

图 3-15 水体净化场原水调节塘和污泥浓缩塘（著者拍摄）

4.1.3 污泥浓缩塘

设置污泥浓缩塘 1 座，不规则形，面积 560m²，深度为 2.8m ~ 3.2m，用来存放人工强化处理装置产生的物化污泥，污泥自然浓缩后上清液排入原水调节塘。有效容积为 1000m³，设计储泥时间为 1 年，即每年清淤一次，污泥外运处置。

4.1.4　人工强化处理装置

设置人工强化处理装置 1 座，平面尺寸 21.8m×16.4m，深 5.3m，包括混凝沉淀池和充氧池，地埋式钢筋混凝土结构，上面采用绿化覆盖，种植草皮和灌木（图 3-16）。混凝沉淀采用钢筋混凝土结构的高效折管絮凝、斜管沉淀池，共 4 个池子。A 池处理补充水，设计处理水量 3000m³/d，平面尺寸为 5m×7.7m，有效水深 4.5m，上升流速取 3.2m³/（m²·h）。B 池、C 池和 D 池处理循环水，设计处理水量为 10000m³/d，每池平面尺寸为 5m×7.7m，有效水深 4.5m，上升流速取 3.6m³/（m²·h）。

管廊内设取水泵两台，一用一备，Q=125m³/h，H=12m，N=5.5kW，取水泵从原水调节塘隔栅井取水，出水进入混凝沉淀池 A。设自动加药装置一套，制备能力 Q=20kg/h，N=0.37kW。药剂采用固体硫酸铝（含 Al_2O_3 约 15.6%），平均值投加量按 20mg/L 考虑，最大投加量 30mg/L。计量泵 3 台，流量 0.7L/min，功率 0.25kW。充氧池设射流曝气机两台，供氧量 2.2kg/h ~ 2.6kg/h，N=2.2kW。设置轴流通风机一台，用于管廊内换气，换气次数按每小时 6 次考虑，Q=3810m³/h，N=0.37kW。

图 3-16　水体净化场人工强化处理装置（著者拍摄）

4.2 生物强化处理

植物园生物强化处理设施由 3000m² 的表面流人工湿地和 4780m² 的水平潜流人工湿地串联而成，每日 3000m³ 的水流经 3000m² 的表面流人工湿地后，进入 4780m² 的水平潜流人工湿地（图 3-17），而后汇入到出水渠流回园区。

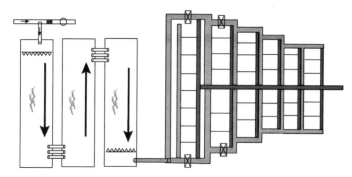

图 3-17 水体净化场生物强化处理结构（著者绘制）

4.2.1 表面流人工湿地

表面流人工湿地又称自由表面流人工湿地系统，通常由一个或几个池体组成，池体间设置阻隔墙，底部及墙体采取防渗措施以防止污水扩散。植物园表面流人工湿地面积为 3000m²，由 3 组 10m×100m 的湿地床组成，有效水深 0.3m，有效水流长度 300m，停留时间为 0.3d。根据水质处理要求和景观要求，选择再力花、芦苇、水葱、宽叶香蒲（*Typha latifolia*）、小香蒲（*Typha minima*）、千屈菜、花叶香蒲和黄菖蒲等 8 种湿地植物，具体配置数量和面积如表 3-4 所列。

	表面流人工湿地植物配置表			表 3-4
序号	植物	种植密度	种植面积（m²）	数量
1	再力花	10 芽/丛，1 丛/m²	500	5000 芽
2	芦苇	10 株/m²	500	5000 株
3	水葱	5 芽/丛，2 丛/m²	320	3200 芽
4	宽叶香蒲	25 株/m²	320	8250 株
5	小香蒲	20 株/m²	320	6400 株
6	千屈菜	16 株/m²	300	4800 株
7	花叶香蒲	25 株/m²	310	7750 株
8	黄菖蒲	3 芽/丛，12 丛/m²	300	10800 芽

4.2.2 水平潜流人工湿地

水平潜流人工湿地可由一级或多级填料床组成，床体填充填料基质，床底都设有隔

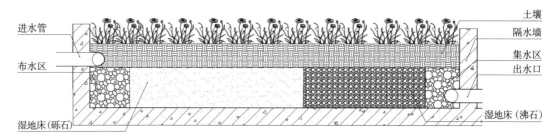

图 3-18 潜流人工湿地结构现状图（著者绘制）

进水管　　土壤
　　　　　隔水墙
布水区　　集水区
　　　　　出水口
湿地床（砾石）　湿地床（沸石）

水层。植物园水平潜流人工湿地占地 4780m²，有效面积 3780m²，水力负荷为 0.8m³/（m²·d）。水平潜流人工湿地共 56 组，每组尺寸 13.5m×5m，长宽比 2.7∶1。湿地床前端 1m 为布水区，装填 Φ30mm～50mm 砾石，后续 12m 为湿地床，前 8m 装填 Φ5mm～10mm 砾石，后 4m 装填 Φ5mm～10mm 沸石，后端 0.5m 为集水区，装填 Φ30mm～50mm 砾石，底部坡度取 0.74%，装填高度从 0.5m～0.6m 不等。水位低于湿地床表面 0.1m。为保证植物存活，在填料层表面覆盖 25cm～30cm 的表土（图 3-18）。

根据水质处理要求和景观要求，选择黄菖蒲、纸莎草（*Cyperus papyrus*）、花叶美人蕉、香根草（*Chrysopogon zizanioides*）、矮蒲苇、花叶芦竹（*Arundo donax* var. *versicolor*）、美人蕉、风车草 8 种湿地植物，具体配置数量和面积如表 3-5 所列。

水平潜流人工湿地植物配置表　　　表 3-5

序号	植物	种植密度	种植面积（m²）	数量（株）
1	黄菖蒲	3 芽/丛，16 丛/m²	840	40320
2	纸莎草	20 株/m²	360	7200
3	花叶美人蕉	25 株/m²	360	9000
4	香根草	20 株/m²	600	12000
5	矮蒲苇	25 芽/丛，1 丛/m²	480	3840
6	花叶芦竹	25 株/m²	360	9000
7	美人蕉	25 株/m²	240	6000
8	风车草	25 株/m²	120	3000

4.2.3　池体防渗结构

两种人工湿地类型的湿地床由砖混结构制成，池体表面粉刷混凝土浆和防水水泥砂浆，池底由天然原土夯实而成，其中水平潜流人工湿地还在侧壁上加铺聚乙烯膜来提高防渗效果（图 3-19）。黏土铺盖是一种常见的防渗措施，从经济与工期上均具有其优越性。黏土铺盖施工方法简单，技术要求不高；水面施工场面大，抛投速度快，不需碾压，能达到快速止漏、闭气的目的；黏土铺盖柔性大，适应地基变形能力强，能与填土体、岸坡等快速结合；而且随着泥砂不断淤积，防渗作用逐日俱增。一般来说，当防渗要求较低且条件许可时，可选用天然黏土或改良土夯实。

图 3-19 水体净化场池体结构（左图）与防渗处理（右图）（著者拍摄）

在水平潜流人工湿地采用聚乙烯薄膜，主要机理是以塑料薄膜的不透水性隔断土壤漏水通道，以其较大的抗拉强度和延伸率承受水压和适应坝体变形。同时，它们对细菌和化学作用有较好的耐侵蚀性，不怕酸、碱、盐类的侵蚀。聚乙烯薄膜的使用年限问题，主要是由塑料薄膜是否失去防渗隔水作用而定，在清水条件下工作年限可达 40 年～ 50 年，在污水条件下工作年限为 30 年～ 40 年。

4.2.4 布水与集水系统

为保证人工湿地配水、集水的均匀性，集配水系统可采用穿孔管、配水管、配水堰等方式（图 3-20）。设计采用穿孔花墙，穿孔花墙设于进水区之前，长度宜与人工湿地宽度相同；穿孔墙的开孔率可为 30%，孔口直径为 55mm ～ 115mm，孔口流速控制不大于 0.2m/s。人工湿地系统采用穿孔管集水，穿孔集水管设置在末端底层填料层，长度宜略小于人工湿地宽度。穿孔管相邻孔距宜按人工湿地宽度的 10% 计，不宜大于 1m，孔口直径宜为 2cm，集水管流速不小于 0.8m/s。

沉淀池
沉淀池外墙
进水管
进水布水管
湿地隔墙
粗砾石过滤层
细砾石过滤层
土工防水布

出水渠
出水渠外墙
湿地隔墙
出水开关
出水管支架
出水管
土工布防水层
出水口集水管
粗砾石过滤层
细砾石过滤层

图 3-20 布水与集水方式示意图（著者绘制）

4.3 原位生态修复

4.3.1 生态驳岸技术

驳岸形式依据河流形态而形式各异，生态驳岸的设计相应要考虑河流水体的流速与流量，要确保在河流水体在不同水位及水量时河床及河堤的安全性。生态驳岸的设计形式相应地要依据实际条件而定，一般采用自然原型驳岸、自然型驳岸、台阶式人工自然驳岸的形式。

自然原型驳岸针对坡度缓或腹地较大的河段，可以考虑保持自然状态，并配合植物种植，达到稳定河流驳岸的作用（图3-21）。这类驳岸由于容易接近水面，所以人流比较集中，驳岸采用接近自然的材料，常水位部分要根据河流的特点来考虑水生植物和水生动物的生活区域。如采取自然土质岸坡、自然缓坡、植树、植草、干砌、块石堆砌等各种方式护堤，为水生植物的生长、水生动物的繁育、两栖动物的栖息繁衍活动创造条件。

自然型驳岸是在河岸边坡较陡的地方，采用木桩、木框加块石、石笼等工程措施（图3-22），这种驳岸既能稳定河床，又能改善生态和美化环境，避免了混凝土工程带来的负面作用。在应用草皮、木桩护坡时也可以运用生态袋、石笼，内部灌有泥土、粗沙及草籽的混合物，既抗冲刷，又能长出绿草，还可以给水生动物提供生活空间，能够改善河流的生态环境。

台阶式人工自然驳岸是对于防洪要求较高且腹地较小的河段，在必须建造重力式挡墙时要采取台阶式的分层处理。在自然型护堤的基础上，再用钢筋混凝土等材料确保抗

图 3-21 自然原型驳岸实景图（著者拍摄）（左）
图 3-22 自然型驳岸实景图（著者拍摄）（右）

洪能力，如以稳固的钢筋混凝土材料形成框架，其间投入自然块石，沿河种植水生植物，再加种草及灌木，使驳岸显得郁郁葱葱、草木茂盛。

为净化直接径流入水体的水质，结合水体蓄水要求，植物园有近 2 万 m 的驳岸在水岸设计时引入生态岸线的手法，除了需考虑区域防汛泄洪通航要求的辰山塘以外，其余近 14000m、约 70% 左右的水岸都建成了各种形式的生态水岸，其中以自然式斜坡驳岸居多，约占总量的 65%。生态驳岸主要是在临水处以天然卵石加以砌驳或直接缓坡入水并适当散置景石，形成景点。在用地较为开阔的地段，将驳岸化为湿地缓坡，在水与岸之间用湿地系统形成自然过度区，种植湿生植物和水生植物，利用水生植物对水质的净化功能，以进一步拦截和过滤直接进入水体的地表径流，保护水体的水质不受污染。

4.3.2　汇水排入口生态过滤

通过沟管汇集排入水体中的雨水，其水质已在流动过程中通过盲沟、卵石等的截流和过滤得到了改善，为了进一步净化水质，在出水端口，根据周围环境的情况再使用各种景石、卵石和水生植物做围护（图 3-23），进一步拦截入湖雨水中的污染杂质，并利用在碎石上形成的生物膜对水体作进一步的净化，使进入湖中的雨水既得到了净化处理，同时又起到了美化出水口的作用。

4.3.3　植被带重建技术

植被带重建技术是从坡脚至坡顶依次种植沉水植物、浮叶植物、挺水植物、湿生植

图 3-23　水岸排水管出口生态过滤（著者拍摄）

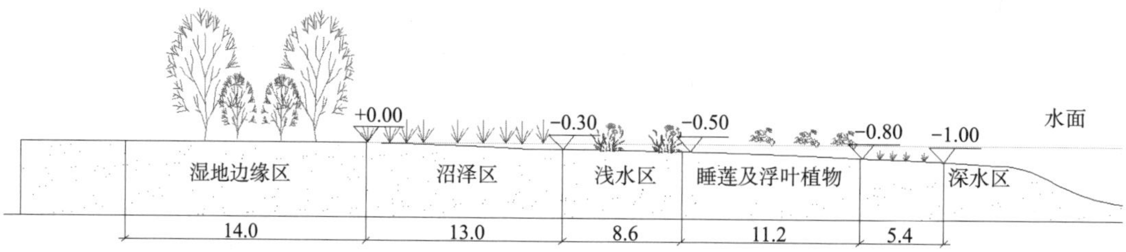

河滩湿生林　　湿生草类区　　茎管状草类区　　浮水植物区　　沉水植物区

湿地边缘区	沼泽区	浅水区	睡莲及浮叶植物	深水区
14.0	13.0	8.6	11.2	5.4

+0.00　　　－0.30　　　－0.50　　　－0.80　－1.00　　水面

图 3-24 全序列植被结构图

物（乔、灌、草）等一系列护坡植物，形成多层次生态防护，兼顾生态功能和景观功能（图 3-24）。挺水植物、浮叶植物以及沉水植物，能有效减缓波浪对坡岸水位变动区的侵蚀；挺水植物和浮水植物是水生植物中植株露出水面的类群，常常位于水缘或浅水处，扮演着衔接水陆景观的重要角色，也最容易吸引观赏者的视线。坡面常水位以上种植耐湿性强、固土能力强的草本、灌木及乔木，共同构成完善的生态护坡系统，既能有效地控制土壤侵蚀，又能美化河岸景观。只有充分了解挺水植物的株高范围，将其应用于水景不同层次的配置，并与岸边植物、浮叶植物进行有机结合，才能形成层次丰富、错落有致的湿生植物—挺水植物—浮叶植物—沉水植物植被景观带。

植物园全序列植被带组成多样，在常水位以上岸坡种植墨西哥落羽杉、垂柳、枫杨（*Pterocarya stenoptera*）、水杉、水松（*Glyptostrobus pensilis*）、落羽杉、乌桕（*Triadica sebifera*）、风箱树等耐水湿乔灌木，营造出水上森林景观（图 3-25）。

常水位附近种植落羽杉、风箱树以及根系较发达的矮蒲苇、慈姑、灯心草（*Juncus effusus*）、风车草、花叶香蒲、黄菖蒲、宽叶香蒲、美人蕉、千屈菜、纸莎草、菖蒲、水葱、梭鱼草（*Pontederia cordata*）、荷花（*Nedumbo nucifera*）、再力花、泽泻等挺水植物；向下种植睡莲、荇菜等浮叶植物和金鱼藻、苦草、黑藻、马来眼子菜、梅花藻（*Batrachium trichophyllum*）、伊乐藻、菹草等沉水植物（表 3-6）。

图 3-25 植物园全序列植被带景观（著者拍摄）

4.3.4　水生动物放养技术

水生动物的放养要充分考虑水生动物的食物链和食物网结构，科学合理设计放养模式，包括水生动物的种类、数量、雌雄比、个体大小、食性、生活习性、放养季节

全序列植被带水生植物配置表 表 3-6

生活型	种类名称	种植面积（m²）	种植密度（m²）
挺水植物	矮蒲苇	244	8 丛
	慈姑	494	25 株
	灯心草	270	16 丛
	风车草	1188	25 株
	花叶香蒲	425	25 株
	黄菖蒲	1296	30 株
	宽叶香蒲	232	25 株
	美人蕉	195	25 株
	千屈菜	1283	20 株
	纸莎草	952	30 株
	水菖蒲	1084	25 芽
	水葱	656	30 株
	梭鱼草	443	16 株
	荷花	1335	3 ~ 4 头
	再力花	1486	8 ~ 12 株
	泽泻	866	20 株
浮叶植物	睡莲	2940	1 ~ 2 头
	荇菜	983	满铺
沉水植物	金鱼藻	4177	60 ~ 80 株
	苦草	12119	60 ~ 80 株
	黑藻	7791	60 ~ 80 株
	马来眼子菜	7006	60 ~ 80 株
	梅花藻	3806	60 ~ 80 株
	伊乐藻	7039	60 ~ 80 株
	菹草	1835	60 ~ 80 株

以及放养顺序等。鱼类以放养虑食性鱼类为主，如鲢鱼（*Hypophthalmichthys molitrix*）、鳙鱼等，通过摄食浮游藻类净化水质；草鱼（*Ctenopharyngodon idellus*）为草食性鱼类，合理的数量能调控沉水植物的生长；细鳞斜颌鲴（*Plagiognathops microlepis*）为

底层杂食性鱼类，能摄食底层丝状藻类。同时，还放养观赏鱼类锦鲤（*Cyprinuscarpio haematopterus*）。通过放养虾类摄食河道水草、落叶以及水生动物粪便、尸体等的有机物质。河道、湖泊底部均为自然水底，放养了摄食底栖藻类的环棱螺、河蚌、冠蚌等底栖动物，具体放养数量见表 3-7。

水生动物放养数量　　　　　　　　　　　　　　　　　　表 3-7

序号	种类名称	规格	放养量
1	鲢	100～200g/尾	111200 尾
2	鳙	100～200g/尾	22240 尾
3	细鳞斜颌鲴	20～50g/尾	3200 尾
4	草鱼	30～60g/尾	640 尾
5	夏花	/	800 万尾
6	锦鲤	/	/
7	虾	2～3cm 以上	3200kg
8	河蚌	4～5cm	1000kg
9	冠蚌	4～5cm	800kg
10	螺类	1cm 左右	7400kg

5　用排设施与技术

雨水的收集是为了更有效地使用，积蓄在水体中的雨水将是园中杂用水的最佳水源。建立杂用水管网系统，使雨水资源利用最大化。利用蓄存在园内景观水体中的雨水作为杂用水水源，解决园中大面积的植物灌溉用水、清洁园路、场地的用水和水景用水。在植物园建立了杂用水管网系统，整个植物园的绿化浇灌、冲洗场地、车辆、水景补水等杂用水全部取用于园内景观水体。

5.1　绿化浇灌

　　植物园绿化浇灌系统有固定泵和移动泵构成，固定泵站位于东湖东南角，主要供水于绿色剧场的草坪浇灌；而由养护公司携带的移动泵则是绿化浇灌的主力军，集中在夏季的 7、8 月份，全力保障园区观赏植物的正常水肥供应（图 3-26）。根据各类植物的习性，采用不同的浇灌方式。对于宿根植物等草本植物，使用花洒，避免植物在水流冲刷下倒伏；播种小苗采用滴灌方式保证水分充足；乔灌木等木本植物采用开沟漫灌方式确保水分能充分下渗。

固定取水设施

临时取水设施

草坪浇灌

土壤灌溉

图 3-26　绿化浇灌用水泵站及方式（著者拍摄）

5.2 人工水景

植物园山体瀑布由两部分组成。山顶瀑布由山下沈泾河取水，通过一组水泵直接通到辰山山顶后沿着矿坑悬崖流至矿坑深潭形成瀑布；另一部分为矿坑山腰瀑布，直接从矿坑深潭取水，也是通过水泵供水至辰山半山腰后会同山顶瀑布一起倾泻至深潭，整个辰山瀑布加入山腰瀑布后水量增多，使整个瀑布更加壮观（图 3-27）。另外，山腰水泵还承担矿坑镜湖补水以及控制矿坑深潭水位的作用。

5.3 排水技术

利用城市竖向与工程设施相结合，排水防涝设施与天然水系河道相结合，地面排水与地下雨水管渠相结合的方式来实现一般排放和超标雨水的排放，避免内涝等灾害。"排"工程主要目的是使城市竖向与人工机械设施相结合、排水防涝设施与天然水系河道相结合以及地面排水与地下雨水管渠相结合。植物园东湖、水生园附近都有闸门控制与辰山塘的互通（图 3-28），通过闸门控制园区的水位，防止内涝。在强降雨和台风天气，通过人工泵实施强排措施来缓解园区内涝情况。

参考文献

[1] 王恺敏 . 辰山植物园绿环堆土地基处理设计与施工要点 [J]. 山西建筑，2013，39（21）：65-68.

[2] 谢剑刚 . 上海辰山植物园绿环堆筑施工技术 [J]. 上海建设科技，2016，（4）：52-54.

[3] 阚丽艳，陈伟良，李婷婷，等 . 上海辰山植物园雨水花园营建技术浅析 [J]. 江西农业学报，2012，24（12）：70-73，80.

[4] 茹雯美 . 上海辰山植物园的"雨水管理" [J]. 城市道桥与防洪，2012，（3）：99-103.

[5] 崔心红，张群，朱义 . 上海辰山植物园特殊水生植物园和湿生植物园植物设计 [J]. 中国园林，2010，26（12）：58-62.

[6] 屠莉 . 上海辰山植物园特殊水生植物园更新改造 [J]. 上海建设科技，2017，（2）：41-43.

[7] 姚一麟，路凯生 . 上海辰山植物园旱溪花境赏析 [J]. 花木盆景（花卉园艺），2012，（10）：24-26.

[8] 汪宏渭 . 人工强化—人工湿地复合技术在城市景观水体净化中的应用 [J]. 城市道桥与防洪，2011，（6）：122-124，318.

图 3-27　人工瀑布用水系统（左图：取水井，右图：瀑布，著者拍摄）

图 3-28　植物园东湖（左图）、水生园（右图）与辰山塘间水位调控阀（著者拍摄）

第 4 章

公园绿地景观水体水生态恢复效果

　　水生生态系统恢复是通过利用生态系统的原理，采用向已经受损伤的水生生态系统中，种植植物群落或投放动物群体，重新构造成健康完整的生态系统，使其恢复水生生态系统的主要功能，并能使水生生态系统实现自我演替、整体协调、自我维持的良性循环，最后达到净化水体污染的目的。事实上，水生生态系统的修复是一个整体的过程，并不能通过单一要素的孤立操作来完成，需要在一个同等的水平上去考虑所有的生态要素。

　　水生植物是水体中重要的初级生产者，是水生生态系统中的重要组成者之一，其存在与否对于水生生态系统的结构和功能有显著的影响。重建挺水、浮水和沉水植物群落吸附污染物质、清除水体中已有的污染是水生生态系统恢复的重要过程。乡土水生植物具有为鱼类等其他生物提供良好栖息生境、提高水体透明度、净化水质、减少驳岸侵蚀和沉积物再悬浮、防止外来植物滋生等功能，对恢复重建水生植被、维持水生生态系统结构和功能的稳定及水景观的建设具有重要作用。

　　鱼类作为水域生态学研究常用的重要指示类群，利用鱼类对特定环境产生适应性的特点，可以诊断水体中化学的、物理的、生物的，以及其他累积的影响。同时，鱼类是湖泊生态系统的重要组成部分，其数量和组成的变化可以反映水域生物群落结构和水质变化。大型底栖动物在水生态系统的物质循环和能量流动中具有非常重要的作用，它既可以在泥水界面进行物质交换，也能通过摄食藻类控制藻类数量，又可以被鱼类、虾类等经济动物捕食。由于其生活场所比较固定，对逆境的逃避相对迟缓，并且各类底栖动物对水体环境变化的适应性、耐受性及敏感程度不同，水环境质量的变化都可以从底栖动物的群落中得到响应。因此，大型底栖动物被广泛应用于水环境质量的生物监测和评价。

　　本章通过植物园景观水体水生植物应用种类、群落类型、生物量、鱼类和底栖动物的详细调查和测定，分析水生动物种类组成和水生植物的种类组成、生活型、生长型、应用频度及其群落结构和植被景观特征，比较不同生活型水生植物的生物量和营养物质去除量，评价水生生态系统植物和动物的多样性恢复效果，诊断植物群落演替阶段及其生产力恢复情况，为公园绿地水生生态系统的恢复和稳定性评价提供参考。

1　水生生物调查方法

1.1　植物多样性调查

根据植物园景观水体分布区域和水生植物的应用现状，在 2015 年 ~ 2017 年期间对沈泾河、西湖、水生园（不包括引种展示区域）和东湖 4 个主要水体进行详细的植被学调查（图 4-1）。将水生植物按照挺水植物、浮叶植物、漂浮植物和沉水植物 4 种生活型，分别记录水生植物的分布生境、种类、面积、覆盖度、植株密度、最大高度等信息。

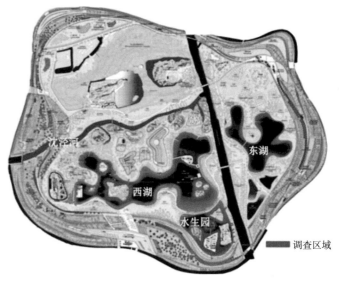

■ 调查区域

图 4-1　景观水体水生植物调查区域（著者绘制）

1.2　植物生物量调查

1.2.1　挺水植物

根据水生植物应用的调查结果，选取分布面积较广的挺水植物种类进行生物量测定。按照分布区面积的大小，在东湖设置了芦苇、水烛、再力花、梭鱼草、风车草、鸢尾（*Iris tectorum*）、灯心草、菰等种类的生物量收获样方，在水生园设置了香蒲的生物量收获样方，在西湖设置了千屈菜、花叶芦竹的生物量收获样方，泽泻的生物量收获样方则设置在沈泾河（图 4-2）。

每种植物按照不同植株密度设置 3 个样方，每个样方面积为 1m×1m，收割样方内的全部植株并立即称量其鲜重。在每个样方内，沿着对角线选 3 个典型植株，分别测量其地上和地下部分的鲜重。带回实验室后在 105℃下杀青 30min，然后在 65℃下烘干至恒重，并称量其干重。

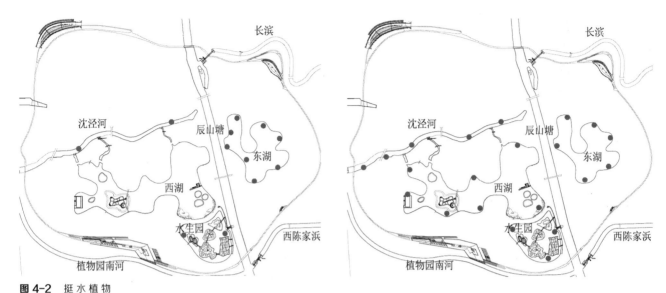

图4-2 挺水植物生物量收获样方布点（著者绘制）（左）

图4-3 浮叶、漂浮和沉水植物生物量收获样方布点（著者绘制）（右）

1.2.2 浮叶、漂浮和沉水植物

根据景观水体面积大小、形状及植物种群密度布设采样点，共计21个采样点（图4-3）。其中，沈泾河设置5个采样点、西湖设置7个采样点、水生园设置3个采样点和东湖设置6个样点。在每个采样点，用边长0.5m×0.5m的铁框分别采集水深20cm和50cm处的浮叶、漂浮和沉水植物，将框内全部植物连根拔起，及时洗净，记录物种组成、数目，现场去除浮水后称量湿重。带回实验室在105℃下杀青30min，然后在65℃下烘干至恒重，并称量其干重。

1.3 动物多样性调查

鱼类和底栖动物调查时间为2018年的夏季和秋季。采用网具调查水体自然生长的鱼类，带回实验室拍照记录，鉴定种类（图4-4）；结合查阅文献、走访水体养护人员，积累景观水体鱼类的基础资料。采用带网夹泥器采集大型底栖动物，取得样品后将网口紧闭，在水中荡涤，除去网中泥沙，提出水面，检出样品并固定。大型底栖息动物标本直接用放大镜和实体显微镜观察，并参考有关资料进行种类鉴定。

图 4-4 大型水生动物调查与鉴定（著者拍摄）

2 生态驳岸类型及比例

2.1 生态驳岸类型

通过调查分析景观水体水景驳岸，发现主要类型有自然生态驳岸、杉木桩驳岸、局部块石驳岸、土石砌块软质驳岸、半自然退台驳岸、人工驳岸等形式（图 4-5），其中杉木桩驳岸、局部块石驳岸、石砌块软质驳岸和半自然退台驳岸都是经过人为加工而成的自然型驳岸。生态驳岸利用覆盖良好的植物根系和土壤的过滤功能以及生态水岸的净化功能，将雨水在下降过程和径流过程中携带的污染物进行截流和过滤，以达到净化雨水尤其是初期雨水的目的，减少因雨水径流造成的水体面污染源。

2.2 生态岸线比例

采用现场调查和 CAD 图像测量，植物园驳岸岸线总长度为 8810.86m（表 4-1）。自然原型驳岸占整个岸线的 74.37%，主要分布西湖、沈泾河、水生园和东湖。自然型驳岸占整个岸线的 13.33%，可以分为四种类型：1）杉木桩驳岸主要应用在水生植物专类

自然生态驳岸

杉木桩驳岸

局部块石驳岸

石砌块软质驳岸

半自然退台驳岸

直立式人工驳岸

图4-5 植物园景观水体
驳岸类型（著者拍摄）

园、西湖和东湖的湿生植物园、蕨类岛、柳岛、杉岛等区域，成为湖中岛屿的生态护岸；2）局部块石驳岸主要应用在沈泾河流入西湖的 3 条沟渠中，维持流水状态下驳岸的稳定；3）石砌块软质驳岸主要应用在西湖的月季岛、"松""竹""梅"三岛等区域；4）半自然退台驳岸主要应用在水生园的湿地植物园区域。而直立式人工驳岸占整个岸线的 12.30%，主要应用在西湖南门入口处两侧以及鸢尾园，局部区域通过种植湿生植物来"软化"人工驳岸的景观结构。

景观水体驳岸岸线长度（单位：m）　　　　　　　　　　　　表 4-1

驳岸类型	沈泾河	西湖	水生园	东湖	合计
自然原型驳岸	1843.22	2354.87	1275.58	1078.71	6552.38
自然型驳岸	88.32	608.76	205.88	271.75	1174.71
直立式人工驳岸	50.23	683.86	322.10	27.58	1083.77
合计	1981.77	3647.49	1803.56	1378.04	8810.86

3　水生植物物种多样性

3.1　植物种类组成

植物园内水生植物详细调查结果显示共有水生植物（不包括水生园引种展示种类）55 种，隶属于 31 科 43 属（附表 3）。所调查水生植物中，禾本科（Gramineae）植物种数最多，有 8 种，占水生植物总种数的 14.55%；其次是鸢尾科（Iridaceae），有 5 种，占水生植物总种数的 9.09%；水鳖科（Hydrocharitaceae）含 4 种生植物，占水生植物总种数的 7.27%；睡莲科（Nymphaeaceae）、莎草科（Cyperaceae）均含有 3 种植物；香蒲科（Typhaceae）、茨藻科（Najadaceae）、泽泻科（Alismataceae）各含 2 种植物；蓼科（Polygonaceae）、小二仙草科（Haloragaceae）、花蔺科（Butomaceae）、伞形科（Umbelliferae）

等 22 科均含 1 种植物。单属科有 24 科，占总科数的 77.42%；单种科有 21 科，占总科数的 67.74%。

3.2 生活型和生长型

55 种水生植物可以划分为挺水植物、浮叶植物、漂浮植物和沉水植物 4 个生活型。其中，挺水植物 18 科 25 属 35 种，占水生植物总种数的 63.63%；浮叶植物 6 科 7 属 7 种，占水生植物总种数的 12.72%；漂浮植物 3 科 3 属 3 种，占水生植物总种数的 5.45%；沉水植物 6 科 8 属 10 种，占水生植物总种数的 18.18%（表 4-2）。大部分水生植物在园区内生长势良好，少数沉水植物因养护管理不当、环境条件不适宜或种间竞争等原因长势不良。

景观水体不同生活型水生植物科属特征　　　　　　　　　　　　　　　　　表 4-2

生活型	科	属	种
挺水植物	18	25	35
浮叶植物	6	7	7
漂浮植物	3	3	3
沉水植物	6	8	10
合计	31	43	55

经统计 55 种水生植物共有 15 个生长型类型，占全部已确定的 26 个生长型的 57.69%，以禾草型、小眼子菜型和睡莲型居多，分别占水生植物总种数的 50.90%、7.27% 和 5.45%（表 4-3）。不同生活型中，挺水植物具有禾草型、慈姑型、草本型和睡莲型 4 个类型，共计有 34 种，占水生植物总种数的 61.82%。浮叶植物具有睡莲型、水鳖型、苹型、菱型、狐尾藻型和莕菜型 6 个类型，共计有 9 种，占水生植物总种数的 16.36%。漂浮植物具有浮萍型和槐叶萍型 2 个类型，仅有 3 种，仅占水生植物总种数的 5.45%。沉水植物有小眼子菜型、苦草型、大眼子菜型和金鱼藻型 4 个类型，共计有 9 种，占水生植物总种数的 16.36%。可见，植物园水生植物的生长型以禾草型、小眼子菜型和睡莲型为主。

不同生活型水生植物的生长型类型　　　　　表 4-3

生长型	生活型			
	挺水植物	浮叶植物	漂浮植物	沉水植物
禾草型	28			
慈姑型	3			
草本型	2			
睡莲型	1	4		
水鳖型		1		
苹型		1		
菱型		1		
狐尾藻型		1		
莕菜型		1		
浮萍型			2	
槐叶萍型			1	
小眼子菜型				5
苦草型				2
大眼子菜型				1
金鱼藻型				1
合计	34	9	3	9

3.3 植物应用频度

经统计，发现不同生活型水生植物的应用频度存在较大差别（表 4-4）。应用频度在 80% 以上的有黑藻、苦草、鸢尾和金鱼藻等 4 种，以沉水植物种类为主。应用频度在 60% ~ 80% 的有芦苇、马来眼子菜、香菇草（*Hydrocotyle vulgaris*）、再力花和梭鱼草 5 种，以挺水植物种类为主。应用频度在 40% ~ 60% 的有菹草、千屈菜、菰、粉绿狐尾藻（*Myriophyllum aquaticum*）和水鳖 5 种。应用频度在 20% ~ 40% 的有花叶芦竹、水葱、睡莲、水烛、苹（*Marsilea quadrifolia*）、大茨藻（*Najas marina*）、浮萍（*Lemna minor*）、泽泻和喜旱莲子草 9 种。其余 32 种应用频度在 20% 以下，其中三白草（*Saururus chinensis*）、薏苡（*Coix lacryma-jobi*）、雄黄兰（*Crocosmia × crocosmiiflora*）、水薄荷（*Mentha aquatica*）、爆米花慈姑（*Sagittaria montevidensis*）、荻（*Miscanthus sacchariflorus*）、南荻（*Miscanthus lutarioriparius*）等种类，在城市公园绿地水体中均较为少见。

景观水体水生植物应用频度 表 4-4

频度（%）	数量（种）	种类
80 ≤ f ≤ 100	4	黑藻、苦草、鸢尾、金鱼藻
60 ≤ f < 80	5	芦苇、马来眼子菜、香菇草、再力花、梭鱼草
40 ≤ f < 60	5	菹草、千屈菜、菰、粉绿狐尾藻、水鳖
20 ≤ f < 40	9	花叶芦竹、水葱、睡莲、水烛、苹、大茨藻、浮萍、泽泻、喜旱莲子草
0 < f < 20	32	美人蕉、芦竹、黄菖蒲、三白草、花叶芦苇、满江红、风车草、灯心草、槐叶萍、薏苡、香蒲、马蔺、花蔺、荷花、菖蒲、雄黄兰、水薄荷、芡实、萍蓬草、爆米花慈姑、金叶黄菖蒲、花叶美人蕉、虎杖、草茨藻、荻、南荻、梅花藻、伊乐藻、王莲、荇菜、四角刻叶菱、猪毛草

3.4 植物分布面积

经调查统计，植物园水生植物的分布面积达到 12.18 万 m^2。其中，挺水植物面积有 3.85 万 m^2；浮叶植物分布面积达 1.49 万 m^2，占水域面积的 7.50%；漂浮植物占 1.04 万 m^2，占水域面积的 5.22%；沉水植物面积有 5.80 万 m^2，占水域面积的 29.18%（表 4-5）。由于挺水植物部分种植在生态驳岸上，不便于统计其占水面面积的比例，故除挺水植物外，其他生活型植物分布面积占到水域面积的 41.91%。

景观水体不同生活型水生植物分布面积（m^2） 表 4-5

生活型	沈泾河	西湖	水生园	东湖	合计
挺水植物	4620.60	13684.62	5646.46	14572.19	38523.87
浮叶植物	2087.09	5588.71	3593.02	3645.08	14913.89
漂浮植物	3113.45	5944.10	1197.50	124.90	10379.95
沉水植物	19966.21	18684.99	11478.54	7883.88	58013.62
合计	29787.34	43902.42	21915.52	26226.04	121831.33

从分布区域来看，西湖分布的水生植物面积最大，合计 4.39 万 m^2，以挺水植物和沉水植物居多，其次为沈泾河、东湖和水生园。挺水植物主要分布在东湖和西湖两个水体，总面积达 2.83 万 m^2，占挺水植物总面积 73.35%；浮叶以西湖为主，占到 1/3 以上，其次

为东湖、水生园和沈泾河,漂浮植物也呈现相同趋势。沉水植物以沈泾河和西湖为主,占沉水植物总面积 66.62%。

　　按照生活型统计,统计分布面积相对比例在 1% 以上的水生植物种类,具体见表 4-6。挺水植物中分布面积最大的是香菇草,占挺水植物总面积的 30.77%,其次是荷花、芦苇、水烛和梭鱼草,分别占挺水植物的 19.63%、10.67%、6.18% 和 6.15%。浮叶植物中分布面积较大的有水鳖、苹和睡莲,分别占浮叶植物总面积的 36.61%、29.14% 和 22.17%。槐叶萍(Salvinia natans)、满江红和浮萍等 3 种漂浮植物分布面积比例较高,以槐叶萍居多。沉水植物中面积最大的是苦草,占沉水植物总面积的 46.97%,其次是黑藻,占沉水植物总面积的 28.37%;马来眼子菜、菹草、金鱼藻和伊乐藻(Elodea canadensis)4 种累计占到 23.42%。

景观水体不同水生植物分布面积（单位：m²）　　　　　　　　　　　　　　　表 4-6

序号	种类	沈泾河	西湖	水生园	东湖	合计	比例（%）
挺水植物							
1	香菇草	1136.45	1019.76	2738.00	6936.02	11830.23	30.77
2	荷花		6223.20		1324.00	7547.20	19.63
3	芦苇	1164.50	1433.30	77.60	1424.80	4100.20	10.67
4	水烛	259.10	384.70	54.65	1677.40	2375.85	6.18
5	梭鱼草	63.00	1423.70	305.50	570.50	2362.70	6.15
6	鸢尾	121.50	316.75	1087.90	333.20	1859.35	4.84
7	千屈菜	203.20	874.00	235.50	233.90	1546.60	4.02
8	再力花	247.15	492.90	177.10	418.10	1335.25	3.47
9	菰	919.40	156.00	59.50	12.35	1147.25	2.98
10	泽泻	104.05	421.25	26.30	—	551.60	1.43
11	花叶芦竹	154.75	188.40	195.20	4.00	542.35	1.41
12	水葱	138.00	202.30	64.80	11.20	416.30	1.08
浮叶植物							
13	水鳖	1592.10	2412.30	1285.90	199.00	5489.20	36.61
14	苹	179.00	2701.90	1129.70	359.10	4369.70	29.14
15	睡莲	166.00	186.20	709.00	2263.20	3324.30	22.17

续表

序号	种类	沈泾河	西湖	水生园	东湖	合计	比例（%）
16	粉绿狐尾藻	—	238.30	88.50	823.90	1150.70	7.67
17	芡实	—	—	320.00	—	320.00	2.13
18	王莲	150.00	50.00	—	—	200.00	1.33
漂浮植物							
19	槐叶萍	—	3504.00	991.50	—	4495.50	43.31
20	满江红	1537.30	1407.50	—	—	2944.80	28.37
21	浮萍	1576.20	1032.60	206.00	124.90	2939.70	28.32
沉水植物							
22	苦草	12751.00	9655.40	2238.60	2606.70	27251.70	46.97
23	黑藻	4655.10	4877.20	4540.50	2305.70	16378.50	28.23
24	马来眼子菜	1324.50	1825.90	1998.00	445.30	5593.60	9.64
25	菹草	958.90	1125.70	1084.00	1073.60	4242.10	7.31
26	金鱼藻	276.70	519.00	1272.80	754.90	2823.50	4.87
27	伊乐藻	—	183.30	312.20	432.50	928.00	1.60

3.5 植物高度分类

通过调查挺水植物和浮叶植物的株高范围，将其应用于水景不同层次的配置，并与岸边植物、漂浮植物进行有机结合，才能形成层次丰富、错落有致的湿生植物—挺水植物—浮叶植物—沉水植物植被景观带。植物园水生植株高度在 1m 以上（水面以上）的种类有芦苇、花叶芦苇、芦竹、小香蒲、再力花、水葱、水烛、菰、风车草、薏苡、爆米花慈姑、虎杖（*Polygonum cuspidatum*）、黄菖蒲、千屈菜、美人蕉等 15 种，常作为水景竖向设计的应用材料且居于群落的上层。梭鱼草、花叶美人蕉、马蔺（*Iris lactea* var. *chinensis*）、水薄荷、花蔺、鸢尾、金叶黄菖蒲（*Iris pseudacorus cv.*）、菖蒲、三白草、泽泻、灯心草、香菇草等植株低型的挺水植物，常作为水景横向设计的应用材料或居于竖向设计的下层。荷花、睡莲、芡实（*Eurya leferox*）、萍蓬草等，则常作为较深水域的水面景观材料（图 4-6）。

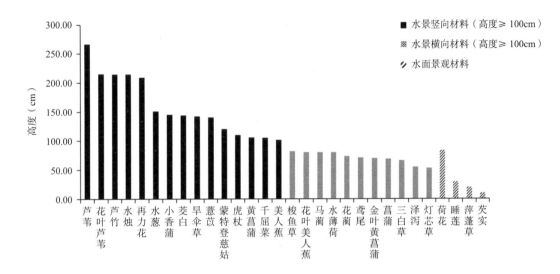

图 4-6　挺水植物和浮叶植物平均高度

4　水生植物群落多样性

4.1　植物群落类型

群落类型是指不管使用何种共同特征对植物群落进行划分，所得出的某种等级或群落的抽象类别。也就是对某一景观中，相似的一些地点、群落生境以及相似的植物种类组成的植物群落的概括。水生植被的自然分布也与水的深度、透明度及水底基质状况有关：透明度大的浅水，水底多腐殖质的淤泥，植物种类较多、生长茂盛、水深，基底为沙质或石质时，植物种类少，而且分布稀疏。水生植物常常形成单一优势种的群落，植物园共有 33 种水生植物群落类型（表 4-7）。

挺水植物群落类型 20 种，如水薄荷群落、泽泻群落、香蒲群落、菖蒲群落、鸢尾群落、荷花群落、千屈菜群落、花蔺群落、芦苇群落、芦竹群落、水葱群落、再力花群落、梭鱼草群落、菰群落、水烛群落、风车草群落、美人蕉群落、灯心草群落、三白草群落、粉绿狐尾藻群落等。浮叶植物群落类型有四角刻叶菱群落、荇菜群落、水鳖群落、睡莲群落、萍蓬草群落、苹群落 6 个。漂浮植物群落有槐叶萍群落、满江红群落和绿萍群落 3 个。沉水植物群落类型有金鱼藻群落、黑藻群落、苦草群落和马来眼子菜群落 4 个。

景观水体水生植物群落类型   表 4-7

类型	数量	群落类型
挺水植物群落	20	水薄荷群落、泽泻群落、香蒲群落、菖蒲群落、鸢尾群落、荷花群落、千屈菜群落、花蔺群落、芦苇群落、芦竹群落、水葱群落、再力花群落、梭鱼草群落、菰群落、水烛群落、风车草群落、美人蕉群落、灯心草群落、三白草群落、粉绿狐尾藻群落
浮叶植物群落	6	四角刻叶菱群落、荇菜群落、水鳖群落、睡莲群落、萍蓬草群落、苹群落
漂浮植物群落	3	槐叶萍群落、满江红群落、绿萍群落
沉水植物群落	4	金鱼藻群落、黑藻群落、苦草群落、马来眼子菜群落

4.2 主要群落特征

4.2.1 挺水植物群落

香蒲群落

群落高度一般在 110cm ~ 190cm，香蒲的植株密度为 25 株 /m² ~ 40 株 /m²，常伴生荷花、喜旱莲子草、加拿大一枝黄花（*Solidago canadensis*）、鸢尾、一年蓬（*Erigeron annuus*）、香菇草、藜（*Chenopodium album*）、浮萍、满江红等种类。挺水植物层以观叶为主，5 月 ~ 10 月观香蒲的果序，浮叶植物层较丰富，观叶观花俱佳，偶与沉水植物形成立体混生结构。

菖蒲群落

群落高度一般在 65cm ~ 80cm，香蒲的植株密度为 12 株 /m² ~ 23 株 /m²，常伴生黄菖蒲、加拿大一枝黄花、一年蓬、藜、酸模叶蓼（*Polygonum lapathifolium*）、茵草（*Beckmannia syzigachne*）、喜旱莲子草等。菖蒲叶色亮绿，叶形如剑，观花为主的黄菖蒲伴生，景观效果良好，低矮层次的湿生草本景观略显杂乱。

鸢尾群落

群落高度一般在 50cm ~ 90cm，鸢尾的植株密度为 20 株 /m² ~ 30 株 /m²，常伴生南狄、芦苇、加拿大一枝黄花、香菇草、一年蓬、藜，景观效果良好。

荷花群落

群落高度一般在 70cm ~ 110cm，荷花的植株密度为 10 株 /m² ~ 20 株 /m²，伴生睡莲、四角刻叶菱（*Trapa incisa*）、菹草、喜旱莲子草等。荷花花叶俱大，花色多样，为著名的观花观叶植物。与四角刻叶菱、睡莲等其他浮叶植物以及菹草等沉水植物构成层次丰富的水生植物群落，观赏期集中在夏季。

千屈菜群落

群落高度一般在 90cm ~ 115cm，千屈菜的植株密度为 25 株 /m² ~ 35 株 /m²，伴生鸢尾、加拿大一枝黄花、香菇草、一年蓬、藜、酸模叶蓼、双穗雀稗（*Paspalum distichum*）、菵草、喜旱莲子草等。夏秋季观赏千屈菜紫红色花序，多与湿生观花观叶草本混生，景观较为丰富。

芦苇群落

群落高度一般在 260cm ~ 300cm，芦苇的植株密度为 27 株 /m² ~ 33 株 /m²，伴生鸢尾、菖蒲、白茅（*Imperata cylindrica*）、香菇草、菵草、加拿大一枝黄花等。伴生种较少，常独自形成大片芦苇荡，形成壮观的群落景观，并且以观姿为主。

芦竹群落

群落高度一般在 210cm ~ 300cm，芦竹的植株密度为 15 株 /m² ~ 20 株 /m²，伴生菖蒲、菵草、鸢尾、加拿大一枝黄花、香菇草、一年蓬、藜、酸模叶蓼、双穗雀稗等。伴生种较少，常独自形成大片芦竹景观，形成壮观的群落景观，并且以观姿为主。

水葱群落

群落高度一般在 75cm ~ 160cm，水葱的植株密度为 50 株 /m² ~ 65 株 /m²，伴生鸢尾芦苇、喜旱莲子草、浮萍等。水葱株丛挺拔直立，植株较高，伴生种多为沉水及低矮的湿生草本，形成的景观层次不够丰富。

再力花群落

群落高度一般在 200cm ~ 220cm，再力花的植株密度为 18 株 /m² ~ 30 株 /m²，伴生芦苇、喜旱莲子草。再力花植株高大挺拔，夏秋观花，与沉水植物构成混生结构。

梭鱼草群落

群落高度一般在 75cm ~ 90cm，梭鱼草的植株密度为 30 株 /m² ~ 60 株 /m²，伴生粉绿狐尾藻、喜旱莲子草、香菇草、浮萍等。梭鱼草花叶极具观赏性，伴生种少，景观层次单一。

图 4-7 景观水体典型挺水植物群落（左图：梭鱼草群落，右图：三白草群落，著者拍摄）

菰群落

群落高度一般在 120cm ~ 150cm，菰群落种类组成单一，植株密度为 25 株 /m² ~ 45 株 /m²，少有伴生物种，能正常抽穗，春夏季时群落外貌呈现浅绿色，夏时呈现暗绿色，秋后则很快枯黄。

水烛群落

群落高度一般在 180cm ~ 280cm 之间，水烛的植株密度为 11 株 /m² ~ 23 株 /m²，伴生鸢尾、喜旱莲子草、荷花、浮萍等。水烛植株高大，地上茎直立、粗壮、叶片较长，伴生种多为沉水及低矮的湿生草本，大面积种植效果较好。

风车草群落

群落高度一般在 120cm ~ 170cm 之间，风车草的植株密度为 20 株 /m² ~ 60 株 /m²，其茎杆挺直细长的叶状总苞片簇生于茎杆，呈辐射状，姿态潇洒飘逸，不乏绿竹之风韵。伴生鸢尾、加拿大一枝黄花、香菇草、一年蓬、藜、酸模叶蓼。

美人蕉群落

群落高度一般在 50cm ~ 120cm 之间，美人蕉的植株密度为 7 株 /m² ~ 12 株 /m²，美人蕉花大色艳、色彩丰富、株形好，伴生加拿大一枝黄花、一年蓬、藜、酸模叶蓼、菵草、喜旱莲子草等。

灯心草群落

群落高度一般在 45cm ~ 60cm 之间，灯心草的植株密度为 60 株 /m² ~ 120 株 /m²，伴生芦苇、鸢尾。

三白草群落

群落高度一般在 40cm ~ 60cm 之间，三白草的植株密度为 60 株 /m² ~ 100 株 /m²，伴生有薏苡、再力花、鸢尾等种类。

粉绿狐尾藻群落

伴生双穗雀稗、菹草、喜旱莲子草等。观叶，在河岸边与低矮草本形成稍丰富的群落结构。

4.2.2　浮叶植物群落

睡莲群落

一般高出水面在 20cm ~ 40cm，伴生四角刻叶菱、菹草。以花叶俱佳的睡莲为主，夏秋观花。

四角刻叶菱群落

伴生浮萍、荇菜、双穗雀稗、菹草等。四角刻叶菱叶形奇特，与其他浮叶植物构成良好的观叶景观，荇菜黄花点缀其间，甚为美观。

荇菜群落

伴生四角刻叶菱、浮萍、香蒲、双穗雀稗等。荇菜心形叶，花黄色，花期长，为优良的观花观叶植物，少量四角刻叶菱、浮萍及挺水植物构成较丰富的群落结构。

水鳖群落

伴生四角刻叶菱、荇菜、苹，为浮叶植物景观。生静水池沼中；以近地边日光充足较多，与可观花的浮叶植物共同构成壮观的浮叶景观。

苹群落

伴生四角刻叶菱、荇菜、水鳖，为浮叶植物景观。苹叶型奇特呈田字型，与可观花的浮叶植物共同构成壮观的浮叶景观。

图 4-8　景观水体典型浮叶植物群落（左图：睡莲群落，右图：四角刻叶菱群落，著者拍摄）

4.2.3 漂浮植物群落

浮萍群落

伴生喜旱莲子草、菹草、粉绿狐尾等。以浮叶观叶植物为主，并与其他沉水及挺水植物构成立体结构。

槐叶萍群落

以浮叶观叶植物为主，伴生菹草、苦草、金鱼藻等沉水植物，并与其他沉水及挺水植物构成立体结构。

满江红群落

伴生喜旱莲子草、菹草、粉绿狐尾藻、水芹、水鳖等。以浮叶观叶植物为主，满江红在早春和秋季呈紫红色，并与其他沉水及挺水植物构成立体结构。

4.2.4 沉水植物群落

金鱼藻群落

群落面积不大，结构也较为简单，伴生苹、荇菜、四角刻叶菱、菹草等。金鱼藻叶细小，是优良观姿沉水植物，多与浮叶观叶植物构成立体结构。

黑藻群落

黑藻繁殖迅速，常形成单一物种群落，外貌整齐，在秋季开花后逐渐凋亡，在河岸边与低矮草本形成稍丰富的群落结构。

苦草群落

与眼子菜属植物、四角刻叶菱等植物混生，伴生苹、荇菜、菹草等，常被作为富营养化湖泊中沉水植物恢复重建的先锋类型。

马来眼子菜群落

眼子菜属植物繁殖较快，常可迅速占满整个水体，形成大小不一的群落。群落中混生有黑藻、金鱼藻、大茨藻等沉水植物种类。

图4-9 景观水体典型沉水植物群落（左图：马来眼子菜群落，右图：苦草群落，著者拍摄）

4.3　群落配置类型

按照挺水植物和浮叶植物的株高、景观搭配特征及生长环境（包括沿岸坡度、水面宽阔度、水体深度），园区景观水体生态驳岸的水生植被配置类型有竖—横—水面型、竖—水面型、横—水面型、竖—横型、竖型和横型 6种模式（图 4-10），应用于河道、湖岸和岛屿边。

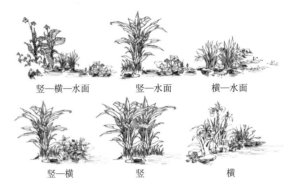

竖—横—水面　　竖—水面　　横—水面

竖—横　　　　竖　　　　横

图 4-10　水生植物景观配置模式图（著者绘制）

4.3.1　竖—横—水面型

该类型主要有美人蕉—梭鱼草—荷花群落、芦苇—鸢尾—睡莲群落、再力花—泽泻—芡实群落等，形成景观层次丰富、错落有致的植被景观。植物的花色、叶形对比明显，有一定的空间分割作用，同时由于挺水植物的作用，对面源污染物和水体悬浮物具有较强的过滤、沉淀作用。一般以沿岸坡度较缓、水面开阔、水深较浅的自然原型驳岸为主。

4.3.2　竖—水面型

该类型主要有鸢尾—荷花群落、芦苇—睡莲群落、芦苇—芡实群落、香蒲—荷花群落等，形成层次较为丰富的植被景观（图 4-11）。植物的花色、叶形对比明显，而且使景观尽可能地向水面延伸，有利于对硬质驳岸的软化，形成很强的空间分割作用，对污染物的去除和沉淀有一定作用。一般以沿岸坡度相对较陡、水面较开阔、水深变化明显的自然驳岸为主。

图 4-11　水生植物竖—水面型景观配置图（著者拍摄）

图 4-12 水生植物
竖一横型景观配置图
（著者拍摄）

4.3.3 横—水面型

该类型主要有鸢尾—荷花群落、泽泻—睡莲群落、梭鱼草—萍蓬草群落等，形成层次较为丰富的植被景观。植物的花色和叶形有一定对比，而且使景观向水面延伸，有利于对硬质驳岸的软化，但是对比和软化效果弱于竖—水面型，对污染物的去除和沉淀有一定作用。一般以沿岸坡度相对较陡、水面较窄、水深变化明显的自然驳岸为主。

4.3.4 竖—横型

该类型主要有芦苇—梭鱼草群落、千屈菜—鸢尾群落、花叶芦竹—再力花群落等，形成层次较为丰富的植被景观（图 4-12）。植物的花色和叶形有对比，有一定的空间分割作用，对污染物的去除和沉淀有一定作用。一般以沿岸坡度相对较陡、水面较窄、水深变化明显的自然驳岸为主。

4.3.5 竖型

该类型主要有芦苇—香菇草群落、香蒲—香菇草群落、芦竹群落、再力花群落、水葱群落、千屈菜群落和美人蕉群落等，形成层次比较单一的植被景观。花色和叶形不丰富，但有一定的空间分割作用，对污染物的去除和沉淀能力较差。对于沿岸坡度和水面大小没有太大的要求。

4.3.6 横型

该类型包括马蔺群落、水薄荷群落、泽泻群落、灯心草群落、菖蒲群落、鸢尾群落、花蔺群落、梭鱼草群落等，形成层次单一的植被景观（图 4-13）。植物花色和叶形不丰富，驳岸软化能力也较差，空间分割作用小，对污染物的去除和沉淀能力较差。对于沿岸坡度和水面大小没有太大的要求。

图 4-13 水生植物横型景观配置图(著者拍摄)

4.4 植被景观分区

整个园区采用低影响开发的理念和技术体系,运用生态驳岸和水生植被构建出结构合理、功能健全的水生态系统,有效地维护了景观水体的水质。

沈泾河整体河岸较陡,河面变化较小,水面开阔度较差,水生植物搭配方式基本是竖型、横型两种方式,景观配置类型有香蒲群落、芦苇群落、梭鱼草群落。竖—水面型、横—水面型偶尔出现,如芦苇—睡莲群落,搭配方式过于单调。

西湖是园区内面积最大和岸线最长的水域,人工驳岸较之别的水域相对较多,自然原型驳岸湖岸坡度和水面开阔度变化较大,植被景观配置方式以竖—横—水面型、竖—水面型、横—水面型、竖—横型 4 种为主,水生植被配置类型为芦苇—梭鱼草—荷花群落、芦苇—睡莲群落、香蒲—荷花群落等形式。自然型驳岸和台阶式自然驳岸主要集中在水面落差较大的地方,以竖—横型、竖型、横型为主,搭配层次感薄弱、景观效果较差的配置类型,如芦苇—梭鱼草群落、三白草群落、泽泻群落、灯心草群落等。

水生植物专类园通过沟渠和小岛的营建,有效构建水生、湿生及中生生境,展示自然水体沿岸植被分布模式,形成挺水植物、浮水植物、沉水植物及深水区无植物的梯度变化特点。水生植物搭配较为丰富,包括以上 6 种搭配方式,有千屈菜—鸢尾群落、再力花—睡莲群落、花叶芦竹—鸢尾群落、鸢尾群落等,分布较为合理。

东湖以自然原型驳岸为主,湖岸坡度和水面开阔度变化较大,尤其缓坡较多,所以水生植被景观配置类型较为丰富,以竖—横—水面型、竖—水面型、横—水面型、竖—横型 4 种搭配方式较为常见,水生植被配置类型有芦苇—香蒲—荷花群落、再力花—睡莲群落、美人蕉—梭鱼草—荷花群落、芦苇—鸢尾—睡莲群落等，景观层次较为丰富。

5 水生植被功能恢复

5.1 植被生物量

生物量是指某一时间单位面积或体积栖息地内所含一个或一个以上生物种，或所含一个生物群落中所有生物种的总个数或总干重（包括生物体内所存食物的重量）。景观水体挺水植物、浮叶植物、漂浮植物和沉水植物 4 个生活型累计地上部分干生物量为23031.31kg，其中挺水植物占 74.40%，其次为沉水植物，占总干生物量的 24.58%，浮叶植物和漂浮植物的干生物量相加仅占总干生物量的 1.01%（表 4-8）。

景观水体水生植物地上部分干生物量 表 4-8

类型	干生物量（kg）	比例（%）
挺水植物	17135.54	74.40
浮叶植物	231.32	1.00
漂浮植物	3.27	0.01
沉水植物	5661.18	24.58
合计	23031.31	100.00

5.1.1 挺水植物

12 个挺水植物单位面积地上部分干生物量变化范围为 0.05kg/m^2 ~ 1.79kg/m^2。其中超过 1kg/m^2 的种类有花叶芦竹、风车草、芦苇、再力花、菰 5 种，分别为 1.79kg/m^2、1.62kg/m^2、1.51kg/m^2、1.12kg/m^2 和 1.04kg/m^2；水烛和梭鱼草单位面积地上部分干生物量分别为 0.96kg/m^2 和 0.58kg/m^2；鸢尾最小，仅为 0.05kg/m^2（图 4-14）。

景观水体挺水植物地上部分的干生物量总计17135.54kg，以芦苇最高，占 1/3 以上，其次为水烛，占总干生物量的 13.25%，再力花、梭鱼草、菰、荷花、花叶芦竹的干生物量分别占总量的 8.80%、8.00%、6.94%、6.09% 和 5.66%，累计占总量的 84.85%。占比在 1%～3% 的有风车草、千屈菜、花叶芦苇、芦竹和泽泻，其他 22 种的占比均在 1% 以下（表 4-9）。

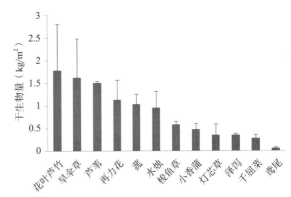

图 4-14 挺水植物地上部分单位面积干生物量

景观水体挺水植物地上部分干生物量   表 4-9

种类	干生物量（kg）	比例（%）	种类	干生物量（kg）	比例（%）
芦苇	6186.06	36.10	薏苡	39.58	0.23
水烛	2270.93	13.25	虎杖	38.08	0.22
再力花	1508.41	8.80	香菇草	27.72	0.16
梭鱼草	1371.66	8.00	南荻	20.63	0.12
菰	1188.81	6.94	水薄荷	17.28	0.10
荷花	1043.33	6.09	黄菖蒲	15.72	0.09
花叶芦竹	970.12	5.66	菖蒲	13.05	0.08
风车草	488.63	2.85	花蔺	10.89	0.06
千屈菜	428.70	2.50	美人蕉	9.23	0.05
花叶芦苇	402.45	2.35	三白草	7.22	0.04
芦竹	343.53	2.00	马蔺	6.25	0.04
泽泻	190.99	1.11	花叶美人蕉	5.02	0.03
水葱	146.78	0.86	金叶黄菖蒲	4.94	0.03
小香蒲	125.96	0.74	雄黄兰	2.47	0.01
鸢尾	98.07	0.57	爆米花慈姑	2.12	0.01
灯心草	81.80	0.48	猪毛草	0.11	0.00
荻	69.02	0.40	合计	17135.54	100.00

5.1.2　浮叶、漂浮和沉水植物

植物园景观水体浮叶植物和沉水植物地上部分的干生物量分别为 231.32kg 和 5661.18kg。前者以睡莲为主，占浮叶植物总干生物量的 83.75%，沉水植物以苦草和黑藻为主，分别占沉水植物总干生物量的 59.83% 和 37.41 %（表 4-10）。

景观水体浮叶植物和沉水植物地上部分干生物量　表 4-10

浮叶植物	干生物量（kg）	比例（%）	沉水植物	干生物量（kg）	比例（%）
睡莲	193.74	83.75	苦草	3386.87	59.83
水鳖	10.33	4.47	黑藻	2118.01	37.41
粉绿狐尾藻	9.60	4.15	马来眼子菜	101.12	1.79
莕	6.60	2.87	金鱼藻	24.97	0.44
芡实	6.05	2.62	伊乐藻	17.92	0.32
王莲	1.40	0.61	菹草	6.99	0.12
四角刻叶菱	1.40	0.61	草茨藻	2.15	0.04
荇菜	1.40	0.61	大茨藻	2.12	0.04
萍蓬草	0.76	0.33	梅花藻	1.02	0.02
合计	231.32	100.0	合计	5661.2	100.0

5.2　植物氮磷营养

5.2.1　植物氮磷储量

园区对浮叶植物和挺水植物在生长季结束后进行一次收割和打捞，而对于沉水植物则为了保持景观效果，进行每日打捞。通过测试分析主要水生植物种类地上部分的氮磷含量，并将不同种类的氮磷含量乘上生物量，累加得到不同生活型水生植物的氮磷总储量，植物园水生植物的氮储量为 534.35kg，其中挺水植物占 72.66%，沉水植物占 26.64%，浮叶和漂浮植物仅占 0.70%；磷储量 71.91kg，其中挺水植物占 69.55%，沉水植物占 29.17%，浮叶和漂浮植物仅占 1.28%（表 4-11）。挺水植物的收割和沉水、浮叶植物的打捞对氮磷营养物质的去除是相当可观的，具有良好的生态效益。

不同生活型植物的氮磷储量 表 4-11

类型	氮含量（g/kg）	氮储量（kg）	比例（%）	磷含量（g/kg）	磷储量（kg）	比例（%）
挺水植物	22.66	388.23	72.66	2.92	50.01	69.55
浮叶植物	15.96	3.69	0.69	3.93	0.91	1.26
漂浮植物	15.96	0.05	0.01	3.93	0.01	0.02
沉水植物	25.15	142.37	26.64	3.71	20.98	29.17
合计	/	534.35	100.00	/	71.91	100.00

5.2.2 植物打捞氮磷去除量

通过记录水生植物打捞运走量，估算沉水植物的每天打捞鲜重，由于 1 月和 2 月主要收割挺水植物，故在沉水植物打捞集中在 3 月至 12 月，每月打捞量鲜重 62.05t ~ 305.20t 不等，平均值每月打捞 169.93t，主要集中在 6 月 ~ 9 月（图 4-15）。从抽样调查打捞上来的水生植物鲜重比例来看，以苦草、苲草、黑藻、马来眼子菜 4 个种类为主，分别占比 29.83%、26.47%、19.72% 和 14.28%（图 4-16）。

通过干鲜比换算，沉水植物全年打捞干生物量为 170.55t，每月打捞量为 12.07t 至 27.16t，平均值每月 17.06t（表 4-12）。沉水植物打捞可去除总氮 3628.30kg/a，总磷 756.77kg/a，分别为氮磷储量的 25 倍和 36 倍。平均值每月氮去除量为 362.8kg，变化范围为 256.85kg ~ 577.78kg；每月磷去除量为 75.68kg，变化范围为 53.57kg ~ 120.51kg。可见，沉水植物的打捞对水生生态系统氮磷去除贡献最大。

图 4-15 三年沉水植物每月打捞量（左）
图 4-16 打捞沉水植物的种类组成（右）

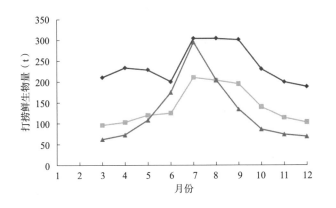

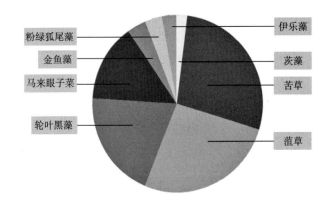

打捞沉水植物去除氮磷量月动态
表 4-12

时间	干生物量（t）	总氮（kg）	总磷（kg）
3 月	12.33	262.40	54.73
4 月	13.69	291.16	60.73
5 月	15.29	325.19	67.83
6 月	16.72	355.80	74.21
7 月	27.16	577.78	120.51
8 月	23.88	507.93	105.94
9 月	21.15	449.91	93.84
10 月	15.30	325.55	67.90
11 月	12.96	275.71	57.51
12 月	12.07	256.85	53.57
累计	170.55	3628.30	756.77

6　水生动物多样性

6.1　鱼类资源

据调查统计，植物园现有鱼类有 6 科 14 种，以鲤科鱼类最多。食性以杂食性为主，也有草食性、滤食性和食鱼性的鱼类（图 4-17，表 4-13）。从调查情况来看，优势种以餐条鱼（*Hemiculter leucisculus*）、鲫鱼（*Carassius auratus*）为主，常见种类有麦穗鱼（*Pseudorasbora parva*）、大鳍鱊（*Acheilognathus macropterus*）、黄颡鱼（*Pelteobagrus fulvidraco*）、塘鳢（*Odontoburis obscura*）、鲢、乌鳢（*Channa argus*）等。草鱼、锦鲤、鲢、鳙为人工放养种类，而随着水质不断提升，滤食性的鲢和鳙种群数量降低。

餐条鱼　　　　　　鲫鱼　　　　　　麦穗鱼

大鳍鱊　　　　　　黄颡鱼　　　　　　塘鳢

图 4-17 植物园部分鱼类图片

植物园鱼类群落结构　　　　　　　　　　表 4-13

鱼类名称	食性类型
鲤科 Cyprinidae	
草鱼 *Ctenopharyngodonidellus*	草食性
锦鲤 *Cyprinuscarpio-haematopterus*	杂食性
鲢 *Hypophthalmichthysmolitrix*	滤食性
鳙 *Aristichthysnobilis*	滤食性
鲫 *Carassiusauratus*	杂食性
餐条鱼 *Hemiculterleucisculus*	杂食性
麦穗鱼 *Pseudorasbora parva*	滤食性
彩石鳑鲏 *Rhodeus lighti*	食浮游类
大鳍鱊 *Acheilognathus macropterus*	杂食性
鳅科 Cobitidae	
泥鳅 *Misgurnusanguillicaudatus*	杂食性
鲿科 Bagridae	
黄颡鱼 *Pelteobagrus fulvidraco*	食鱼性
合鳃科 Synbranchidae	
黄鳝 *Monopterus albus*	食无脊椎
塘鳢科 Eleotridae	
塘鳢 *Odontoburis obscura*	食鱼性
鳢科 Channidae	
乌鳢 *Channa argus*	食鱼性

6.2 底栖动物

底栖动物是指生活史的全部或大部分时间生活于水体底部的水生动物类群，是湖泊等水体中的重要类群之一，其对生态系统的物质循环与能量流动起着重要作用。底栖动物生活场所相对固定，具有区域性强、迁移能力差等特点，加之其分布和数量对环境质量及其变化特别敏感，因此常被用作水体质量评价的指示生物。重点调查节肢动物门甲壳纲（Crustacea）和软体动物门（Mollusca）的底栖动物种类，共计有 8 种（表 4-14），分别是中华绒螯蟹（*Eriocheir sinensi*）、日本沼虾（*Macrobrachium nipponense*）、克氏原螯虾（*Procambarus clarkii*）、河蚬（*Corbicula fluminea*）、梨形环棱螺（*Bellamya purificata*）、圆顶珠蚌（*Unio douglasiae*）、中华圆田螺（*Cipangopaludina cahayensis*）、背角无齿蚌（*Anodonta woodiana*），以梨形环棱螺和河蚬种群数量居多。

植物园底栖动物调查种类名称 表 4-14

名称	学名	图片
中华绒螯蟹	*Eriocheir sinensi*	
日本沼虾	*Macrobrachium nipponense*	
克氏原螯虾	*Procambarus clarkii*	

续表

名称	学名	图片
河蚬	*Corbicula fluminea*	
梨形环棱螺	*Bellamya purificata*	
圆顶珠蚌	*Unio douglasiae*	
中华圆田螺	*Cipangopaludina cahayensis*	
背角无齿蚌	*Anodonta woodiana*	

7　水生态恢复效果评价

7.1　水生植物种类恢复评价

中国水生维管束植物有 61 科 145 属 317 种，具有园林观赏价值的有 31 科 42 属 115 种；上海乡土水生植物资源共有 35 科 83 属 160 种，挺水植物 117 种，浮水植物 18 种，沉水植物 25 种 [1]。植物园应用的水生植物（不包括引种植物）55 种，隶属于 31 科 43 属，其中挺水植物 18 科 25 属 35 种，浮叶植物 6 科 7 属 7 种，漂浮植物 3 科 3 属 3 种，沉水植物 6 科 8 属 10 种，以禾本科、鸢尾科、水鳖科、睡莲科和莎草科种类较多。挺水植物中应用频度在 60% ~ 80% 的有芦苇、再力花、梭鱼草，应用频度在 40% ~ 60% 的有千屈菜、菰，使得东湖和西湖景区部分景点水生植物景观雷同，缺少特色。但是，相比于适生的乡土水生植物来说，挺水植物和沉水植物的种类相对较少，如水蓼、鱼腥草、水苦荬、合萌、水车前等湿生植物和竹叶眼子菜、光叶眼子菜、蓖齿眼子菜、细茨藻、东方茨藻等沉水植物。应该积极引进推广新优物种，如三白草、薏苡、雄黄兰、水薄荷、爆米花慈姑等公园绿地水体中均较为少见的种类。

通过比较 14 个城市 40 余处城市湿地水域（城市公园、湿地公园、湖泊等），表明水生植物种类应用在 14 种至 80 种 [2-15]，平均值有 39 种，其中挺水植物 25 种，浮叶植物 6 种，漂浮植物 2 种，沉水植物 6 种，挺水植物的种类较为丰富（表 4-15）。个别城市或公园中，浮叶植物和沉水植物种类较为丰富，如武汉、常熟的水域浮水植物种类较多 [2, 4]，武汉、常熟、济宁、上海的水域沉水植物种类较为丰富 [2, 4, 6, 11]。沉水植物给水生动物提供更多的生活栖息和隐蔽场所，又可以净化水质、扩大水生动物的有效生存空间，从而改善整个水生生态系统。以上海辰山植物园景观水体现有植物分布来看，4 种生活型植物种类均高于全国平均值，且恢复的沉水植物种类较为丰富，对整个景观水体生物量和生产力恢复起到重要作用，成为景观水体水质立体维护的重要保障。

植物园共有水生植物群落类型 33 个，其中挺水植物群落类型 20 个，浮叶植物群落类型 5 个，漂浮植物群落类型有 3 个，沉水植物群落类型 4 个，以单优势种群落为主，分布较广的有荷花群落、香蒲群落、芦苇群落、鸢尾群落、风车草群落、睡莲群落、水鳖群落、黑藻群落、苦草群落等。已有文献报道，山东[6]、北京[7]、杭州[14]等地公园绿地水生植物群落类型基本在 9 ~ 10 个，有梭鱼草群落、水葱群落、芦苇群落、菰群落、荷花群落、黑藻群落等，群落类型和数量上均低于上海辰山植物园。据调查，上海淀山湖 1987 年至 2010 年间，共有 17 个水生植物群落类型，分别是菹草群落、苦草群落、竹叶眼子菜群落、黑藻群落、穗状狐尾藻（*Myriophyllum spicalum*）群落、金鱼藻群落、紫萍 + 浮萍群落、紫萍群落、满江红 + 槐叶苹群落、水鳖群落、凤眼蓝群落、莕菜群落、四角刻叶菱群落、喜旱莲子草群落、芦苇群落、香蒲群落和菰群落，但群落结构简化，从沉水植物占优势转变为漂浮植物占优势[16-18]。从生物量和生产力来看，在人为打捞管理下水生植被恢复较好，植物园水生植被以苦草为优势的沉水植被为主，漂浮植物以睡莲为主，荷花、香蒲等挺水植物种类较为丰富。

我国主要城市公园水生植物应用现状　　　　　　　　　　表 4-15

城市	水域	科 / 属 / 种	挺水植物	浮叶植物	漂浮植物	沉水植物	资料来源
上海	辰山植物园	31/43/55	36	7	2	10	本书稿
武汉	4 个城市公园	32/50/80	35	16	6	23	戴希刚和熊婷[2]，2013
丽水	九龙湿地公园	25/40/66	51	9	/	6	张亚芬和姚强[3]，2015
常熟	沙家浜湿地公园	24/37/52	19	6	0	8	姚岚等[4]，2014
扬州	宋夹城湿地公园	22/41/46	25	11	5	5	曹兆阳等[5]，2015
济宁	南泗湖	26/36/43	24	8	3	8	祝琳等[6]，2015
北京	11 个城市公园	22/35/42	30	6	1	5	卜梦娇等[7]，2012
南昌	艾溪湖湿地公园	25/34/40	27	5	2	6	周霖军[8]，2018
广州	海珠湿地公园	17/25/34	25	5	2	1	盛晓琼等[9]，2016
福州	西湖公园	19/29/33	28	2	1	2	杨成艺等[10]，2016
上海	7 个城市公园	18/31/32	17	3	5	7	唐丽红等[11]，2013
成都	白鹭湾湿地公园	14/21/23	20	1	1	1	喻来等[12]，2016
长沙	烈士公园	17/24/24	19	1	2	1	胡阳阳等[13]，2009
杭州	9 个环西湖公园	12/19/20	10	4	1	5	辛燕等[14]，2012
南京	莫愁湖	13/14/14	11	1	1	1	陈元刚和薛琼[15]，2015

7.2　水生植被恢复阶段诊断

生长型是亲缘上常常无关的一组分类群通过进化而产生的形态可比的类型，是对一种特定生境的适应，可以指示水体的连续性、水质、水的运动和营养状况等环境条件。上海乡土水生植物生长型共有 20 个类型，占全部已确定的 26 个生长型的 76.9%，其中挺水植物含有禾草型、草本型、慈姑型、合萌型、水龙型 5 种；浮水植物含有菱型、浮眼子菜型、睡莲型、苹型、浮萍型、槐叶萍型、水鳖型 7 个生长型；沉水植物有小眼子菜型、大眼子菜型、苦草型、狸藻型、浮眼子菜型、狐尾藻型、金鱼藻型、海菜花型和水韭型 9 个。根据物种生物学特性、生态学特征以及在群落中的功能地位等，将上海乡土水生植物的 20 个生长型进一步归并为 6 个生长型组。

（1）禾草—草本型组：包含禾草型、草本型、慈姑型、合萌型、水龙型 5 个生长型，由挺水植物构成，植株扎根于基质，部分营养结构挺出水面，常分布在浅水处和潮湿的岸边，生境开始具有陆生植物生境的特点，处于直立水生阶段或湿生草本植物阶段，是水生向陆生生态系统过渡的类型。

（2）菱—睡莲型组：包含菱型、浮眼子菜型、睡莲型、苹型等 4 个生长型，由浮叶根着植物组成，植株扎根于基质，叶片全部或部分浮于水面，常分布在浅水区域，处于浮叶根生植物阶段，是水生演替的途中种类型。

（3）浮萍—水鳖型组：包含浮萍型、槐叶萍型、水鳖型等 3 个生长型，为水面漂浮植物，自由飘浮于水面，无根或根在水中悬挂，在整个水域范围内都能分布，处于自由漂浮植物阶段，是水生演替的先锋种类型。

（4）眼子菜—狐尾藻型组：包含小眼子菜型、大眼子菜型、狐尾藻型等 3 个生长型，是沉水根着植物的一个亚型，多为植株高大的种类，具长茎或匍匐状的根状茎，并生有较长、柔软的分支，从基底生长至近水面，常分布在营养丰富、屏蔽性较好、水动力稳定的水体，处于沉水植物阶段，是水生演替的途中种类型。

（5）苦草—水韭型组：包含苦草型、海菜花型、水韭型等 3 个生长型，为沉水根着植物植株矮小的亚型，茎非常短，叶基生呈莲座状，常分布在贫营养、水体流动性大的砂质、岩礁性基质上，处于沉水植物阶段，是水生演替的途中种类型。

（6）狸藻—金鱼藻型组：包含狸藻型、金鱼藻型等 2 个生长型，由水中漂浮植物构成，植株完全沉水，在水中漂浮，在整个水域范围内可自由漂动，处于沉水植物阶段，是水生演替的途中种类型。

植物园水生植物生长型有 15 个，占全部已确定的 26 个生长型的 57.7%，与上海乡土水生植物 20 个生活型相比，缺少合萌型、水龙型、狸藻型、浮眼子菜型、海菜花型和水韭型 6 个，多出莕菜型 1 个（表 4-16）。从种类组成来看水生植物生长型以禾草型、睡莲型和小眼子菜型居多，生物量来看以芦苇、睡莲、苦草、黑藻等种类为主，以苦草、黑藻等沉水植物占优的区域，是水生演替的途中种类型。

上海水生植物生长型统计　　　　　　　　　　　　表 4-16

生长型	上海地区[1]	上海绿地[1]	辰山植物园
禾草型 Graminids	64	15	27
草本型 Herbids	46	3	3
慈姑型 Sagittariids	5	3	2
合萌型 Aeschynomenids	1	0	0
水龙型 Decodontids	1	1	0
菱型 Trapids	6	1	1
浮萍型 Lemnids	6	2	2
浮眼子菜型 Natopotamids	2	1	0
睡莲型 Nymphoids	1	3	5
苹型 Marsileids	1	0	1
槐叶萍型 Salviniids	1	1	1
水鳖型 Hydrocharids	1	0	1
小眼子菜型 Parvopotamids	11	3	5
大眼子菜型 Magnopotamids	4	1	1
苦草型 Vallisnerids	3	2	2
狐尾藻型 Myriophyllids	2	1	1
狸藻型 Utricularids	2	0	0
海菜花型 Otteliids	1	0	0
水韭型 Isoetids	1	0	0
金鱼藻型 Certophyllids	1	1	1
凤眼莲型	0	1	0
莕菜型	0	0	1
合计 Total	20（160）	10（39）	15（55）

注：括号内为种数

7.3　水生动物种类恢复效果

鱼类作为水域生态学研究常用的重要指示类群，因其特殊的便利性可作为生物学评估监测的理想工具。同时，鱼类是湖泊生态系统的重要组成部分，其数量和组成的变化可以反映水域生物群落结构和水质变化。上海地区的淡水鱼类主要集中在以大莲湖为核心的淀山湖区域，调查表明大莲湖水生动物隶属 11 科 17 属 22 种，群落优势种为鲫[19-21]。鱼类群落可分为 3 个生态类型：江海洄游性鱼类有 3 种、河湖洄游性鱼类 1 种和定居性鱼类 18 种。鱼类食性可分为 5 种类型：食鱼性鱼类 9 种、食无脊椎动物性鱼类 2 种、杂食性鱼类 7 种、食浮游生物性鱼类有 3 种和草食性鱼类 1 种。植物园现有鱼类有 6 科 14 种，以鲤科鱼类最多。随着水质不断提升，人工放养的草食性的草鱼和滤食性鲢、鳙种群数量降低，而杂食性的餐条鱼和鲫鱼数量激增，肉食性的黄颡鱼、塘鳢和乌鳢也有一定数量的种群。

上海市淀山湖底栖动物调查结果表明，共采集 3 门 14 属 17 种，优势种为疣吻沙蚕、克拉泊水丝蚓、湖球蚬和蜾蠃蜚，其中漏湖的优势种为梨形环棱螺和羽摇蚊，澄湖的优势种为河蚬、湖球蚬和日本沙蚕等[22-25]。上海辰山植物园景观水体底栖动物仅调查了节肢动物门甲壳纲和软体动物门，以梨形环棱螺和河蚬种群数量居多，这可能与湿地的运行时间尚短，且处理水体水质相对清洁有关。螺、蚌等底栖动物摄食有机碎屑，分泌物有絮凝作用，螺有刮食附着藻类的功能；虾、枝角类及部分鱼类可以摄食藻类、有机碎屑等均是水生态系统中重要组成部分。植物园景观水体作为一个新生的特殊的生态系统，建成时间短，生态系统尚未达到稳定状态，自身的生态系统也在不断的变化中，水生动物的群落组成和多样性都处于波动状态，需要进一步加强监测。

参考文献

[1]　王婕, 张净, 达良俊. 上海乡土水生植物资源及其在水生态恢复与水景观建设中的应用潜力 [J]. 水生生物学报, 2011, 35 (5): 841-850.

[2]　戴希刚, 熊婷. 武汉市水生植物资源调查及其应用现状 [J]. 江汉大学学报 (自然科学版), 2013, 41 (2): 75-80.

[3]　张亚芬, 姚强. 丽水公园绿地水生植物造景的应用及分析 [J]. 丽水学院学报, 2015, 37 (2): 62-67.

[4]　姚岚，周军，崔怀飞 . 江苏常熟沙家浜湿地公园水生植物应用探讨 [J]. 中国园艺文摘，2014，
　　　30（5）：80-82.

[5]　曹兆阳，李广美，王敏 . 扬州宋夹城湿地公园水生植物资源应用探讨 [J]. 现代农业科技，
　　　2015，（7）：175-176，183.

[6]　祝琳，祝钰，董丽 . 南四湖区湿地公园水生植物多样性及其对水质的影响 [J]. 西北林学院学报，
　　　2015，30（2）：239-244，271.

[7]　卜梦娇，冯雪冰，杨小静，等 . 北京市再生水补水公园湿地水生植物群落调查 [J]. 湿地科学，
　　　2012，10（2）：223-227.

[8]　周霖军 . 生态农业观光园规划设计与实践 [D]. 江西农业大学，2018.

[9]　盛晓琼，齐良富，王晓玲，等 . 广东海珠国家湿地公园植物资源现状与优化策略研究 [J]. 四
　　　川林勘设计，2016，（1）：42-45.

[10]　杨成艺，潘辉，王晶，等 . 水生植物景观配置及优化模式构建——以福州西湖公园为例 [J].
　　　闽江学院学报，2016，37（5）：124-130.

[11]　唐丽红，马明睿，韩华，等 . 上海市景观水体水生植物现状及配置评价 [J]. 生态学杂志，
　　　2013，32（3）：563-570.

[12]　喻来，陈舒静，林葳，等 . 成都白鹭湾生态湿地公园水生植物应用研究 [J]. 四川大学学报（自
　　　然科学版），2016，53（1）：221-227.

[13]　胡阳阳，杨柳青，曹国伟 . 浅析长沙烈士公园水生植物及其景观营造 [J]. 中南林业科技大学
　　　学报（社会科学版），2009，3（3）：91-93.

[14]　辛燕，宁惠娟，邵锋 . 水生植物在杭州环西湖公园中的园林应用 [J]. 江苏农业科学，2012，
　　　40（2）：130-134.

[15]　陈元刚，薛琼 . 城市富营养化湖泊水生植物调查研究——以莫愁湖为例 [J]. 科技资讯，2015，
　　　13（14）：121-122.

[16]　施文，刘利华，达良俊 . 上海淀山湖水生高等植物现状及其近 30 年变化 [J]. 湖泊科学，
　　　2011，23（3）：417-423.

[17]　涂克环，施文，古旭，等 . 淀山湖不同生长型沉水植物分布及其性状研究 [J]. 上海海洋大学
　　　学报，2013，22（6）：895-902.

[18]　由文辉 . 淀山湖水生维管束植物群落研究 [J]. 湖泊科学，1994，6（4）：317-324.

[19]　岳峰，罗祖奎，吴迪，等 . 上海大莲湖鱼类群落组成及生物多样性 [J]. 动物学研究，2010，
　　　31（6）：657-662.

[20] 韩婵，高春霞，田思泉，等 . 淀山湖鱼类群落结构多样性的年际变化 [J]. 上海海洋大学学报，2014，23（3）: 403-410.

[21] 陶洁，戴小杰，田思泉，等 . 淀山湖野生鱼类群落多样性与生长特性研究 [J]. 湖南农业科学，2011，（7）: 137-141.

[22] 陈彦，戴小杰，田思泉，等 . 上海淀山湖内河蚬的分布与种群生长的初步研究 [J]. 上海海洋大学学报，2013，22（1）: 81-87.

[23] 刘乐丹，王先云，陈丽平，等 . 淀山湖底栖动物群落结构及其与沉积物碳氮磷的关系 [J]. 长江流域资源与环境，2018，27（6）: 1269-1278.

[24] 张世海，张瑞雷，王丽卿，等 . 上海市淀山湖底栖动物群落结构及水质评价 [J]. 四川动物，2010，29（3）: 452-458.

[25] 朱利明，肖文胜，周东，等 . 淀山湖大型底栖动物群落结构及其与环境因子的关系 [J]. 水生态学杂志，2019，40（2）: 55-65.

第 5 章

公园绿地景观水体水环境质量评价

2015 年，我国以试点方式正式启动全国性的海绵城市建设，各试点城市也积极响应，发布了更加具体的政策要求，海绵城市建设如火如荼。然而海绵城市建设是一项系统工程，更是一个动态发展的过程，其监测和后评估难度较大。当对其建设成效进行验收和考核时，往往只关注海绵基础设施的工程质量、雨水年径流总量控制率、总悬浮颗粒物等指标，而对初期雨水的污染负荷控制和水质净化效果关注较少。

公园绿地景观水体作为蓄存雨水的海绵基础设施，对其水环境质量进行科学、客观的评价，不仅可以有效识别水体水质状态及其演特征，进而甄别关键污染因子并采取有效的防范和控制措施，也可以为水污染控制和水环境修复方案的科学制定提供依据。城市景观水体受到雨水及其径流的影响很大，包括不确定的初始条件和边界条件，输入水体的氮、磷等营养物质被生物吸收利用，或以各种形式存在于水体中，成为主要污染内源；大部分氮、磷营养盐经过物理、化学及生物作用沉积到底泥中，成为水体营养盐的主要负荷，参与水生态系统循环。因此，水体中底泥质量和水质成为水环境质量评估的重要内容，也是城市景观水体水质保障的重要方面。

目前，我国对水环境质量评价的应用主要集中在两个方面：一方面是采用水质指标评价体系法对已实施的生态修复工程进行评价分析；另一方面是采用综合评价指标体系对受损水生生态系统的修复效果进行评估。如方东等[1]（2001）选取水质化学指标（透明度、总氮、总磷、高锰酸盐指数、悬浮物和叶绿素 a）对南京玄武湖水环境污染工程治理的效果进行评价。朱浩等[2]（2010）选用总氮、总磷、硝氮、亚硝氮和叶绿素 a 等指标对上海大莲湖水生态恢复工程完工半年后的水质变化情况进行评价。王敏等[3]（2012）选用 pH 值、溶解氧、电导率、溶解性总固体、盐度、COD、BOD_5、氨氮、总氮、总磷、氯化物、总悬浮物 12 项水质理化指标种对天津市大沽排河河道生态修复示范工程进行综合评价。但是多数评价是在完工不久后进行，且检测频次少、周期短。

本章依据景观水体水面面积设置沉积物和水质取样点，采集沉积物测试基本理化性质和重金属含量，综合评价其污染状况和来源；连续 2 年逐月采集水质样品，测试水质常规理化指标，分析水质的月动态，并根据历史资料对比水质的年际变化，综合评价水质污染现状，为低影响开发下景观水体的水质维护评价提供参考。

1　样品采集与分析方法

1.1　采样点设置

　　根据全园水体分布及面积大小，在沈泾河、西湖、水生园和东湖 4 个区域共计设置 12 个水质采样点，同时设置 2 个外河采样点。其中，样点 1～3 号用于监测沈泾河，样点 4～7 号用于监测西湖，样点 8、9 号用于监测水生园，样点 10～12 号用于监测东湖，样点 13、14 号用于监测外河（图 5-1）。从 2015 年～2017 年，每月采样一次，每次采样时间为早上 9～10 点，用于测定溶解氧（溶解氧）、pH、电导率（EC）、BOD_5、COD_{Cr}、总氮、氨氮和总磷。

　　2016 年 8 月，选择 12 个园内水质采样点区域作为沉积物采样点，利用抓斗式采泥器，采集表层沉积物样品（0～10cm），将混合后的样品放入干净的聚乙烯自封袋中冷冻保存运回实验室。置于阴凉通风处自然风干，剔除砾石、贝壳、杂草等，研磨处理后过 100 目（0.154mm）尼龙筛保存待测。

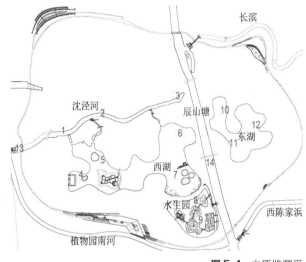

图 5-1　水质监测采样点分布图

1.2　水质测试方法

　　水质测试方法如下：pH 值采用 HACH（hq411d，美国）仪器测定、COD 测定采用重铬酸钾法，总氮测定采用过氧化钾氧化—紫外分光光度法、总磷测定采用钼锑抗分光光度法，氨氮测定采用纳氏试剂比色法。溶解氧测定用上海三信 SX836 型（pH/ 电导率 / 溶解氧仪）测定。BOD_5 测定，刚采水样时测出溶解氧值，水样在 20℃下，通常用培养 5

天后再测量水体的溶氧值。最终计算出的变化量或差值（mg/L）为 5 日生化需氧量。浑浊度（NTU）用美国 HACH-2100q 便携式浊度仪测定。

1.3　沉积物分析方法

沉积物总氮采用凯式定氮法测定，总磷采用 $HClO_4$-H_2SO_4 法测定，有机质采用重铬酸钾容量法测定。重金属测定采用 HNO_3-H_2O_2 消解法测定。为保证测定结果的准确性和精度，对样品进行了重复分析，所有样品分析误差小于 10%，符合质量控制要求，所有分析结果均以干重计量。

1.4　污染评估方法

1.4.1　有机质指数和有机氮评价法

有机质指数是表征水体沉积物环境状况的重要指标，由有机氮和有机碳两个部分组成。沉积物有机氮和有机指数分级标准分别见表 5-1，其计算公式为：

有机氮（%）＝总氮（%）× 0.95

有机碳（%）＝有机质（%）/1.724

有机指数＝有机碳（%）× 有机氮（%）

沉积物有机指数与有机氮评价标准 [4]　　　　　　　　　　表 5-1

项目	数值	描述	等级
有机指数评价标准	< 0.05	清洁	Ⅰ
	0.05 ~ 0.20	较清洁	Ⅱ
	0.20 ~ 0.05	尚清洁	Ⅲ
	≥ 0.50	有机污染	Ⅳ
有机氮评价标准（%）	< 0.033	清洁	Ⅰ
	0.033 ~ 0.066	较清洁	Ⅱ
	0.066 ~ 0.133	尚清洁	Ⅲ
	≥ 0.133	有机氮污染	Ⅳ

1.4.2　内梅罗综合污染指数法

内梅罗综合污染指数法是建立在单因子污染指数评价方法上的一种评价方法，要求设置环境指标量标准。计算方法如下：

$$P_i = \frac{C_i}{S_i}$$

$$P_Z = \sqrt{\frac{(\overline{P_i})^2 + (P_{max})^2}{2}}$$

式中，P_i 为单项评价指数；C_i 为第 i 种环境指标量实测含量；S_i 为环境指标量评价标准。P_Z 为内梅罗综合指数；$\overline{P_i}$ 为 n 项评价指数平均值，P_{max} 为单项评价指数最大值。综合污染指数分级标准见表 5-2 所示。

单一污染指数和内梅罗综合指数分级标准　　　　　　　　　表 5-2

等级	单一污染指数 P_i	内梅罗综合指数 P_Z	污染程度
1	$P_i \leq 0.7$	$P_Z \leq 0.7$	清洁（安全）
2	$0.7 < P_i \leq 1.0$	$0.7 < P_Z \leq 1.0$	轻度污染（警戒线）
3	$1.0 < P_i \leq 2.0$	$1.0 < P_Z \leq 2.0$	中度污染
4	$2.0 < P_i \leq 3.0$	$2.0 < P_Z \leq 3.0$	重度污染
5	$P_i > 3.0$	$P_Z > 3.0$	严重程度

当评价沉积物营养盐综合污染时，选取太湖流域沉积物总氮和总磷的背景值作为该区域背景值[5]，即总氮的 C_s=0.67g/kg，总磷的 C_s=0.44g/kg。

当评价沉积物重金属综合污染时，以上海市土壤背景值作为该区域背景值[6]，即 As 9.1mg/kg、Cr 75mg/kg、Zn 86.1mg/kg、Pb 25.47mg/kg、Cd 0.132mg/kg、Ni 31.9mg/kg、Cu 28.59mg/kg、Hg 0.101mg/kg。

当评价水质综合污染时，采用《地表水水环境质量标准》（GB 3838-2002）中的Ⅲ类水标准作为该区域水质背景值，即 DO 5mg/L、COD_{Cr} 20mg/L、总氮 1mg/L、氨氮 1mg/L、总磷 0.05mg/L、BOD_5 4mg/L。

1.4.3 潜在生态风险指数法

瑞典学者 Hakanson 在 1980 年提出了潜在生态风险指数法，该方法综合考虑了区域背景值的影响，不仅可以反映沉积物中单一重金属元素的环境影响，也可以反映多种重金属的综合效应，是目前较为广泛应用到沉积物重金属污染程度的评价方法[7]，具体等级划分标准见表 5-3。计算公式如下：

$$RI = \sum_{i=1}^{n} E_r^i = \sum_{i=1}^{n} T_r^i \times C_r^i = \sum_{i=1}^{n} T_r^i \times \frac{C^i}{C_n^i}$$

式中，C_r^i 为某一重金属的污染系数；C^i 为沉积物重金属的实测含量（mg/kg）；C_n^i 为计算所需的参比值（采用上海市土壤重金属作为参比）；E_r^i 为潜在生态风险系数；T_r^i 为单个污染物的毒性响应系数，其中 Cr、Ni、Cu、Zn、As、Cd、Hg 和 Pb 的毒性响应系数参数分别为 2、5、5、1、10、30、40、5；RI 为多种金属的潜在生态风险指数。

重金属污染程度及潜在生态危害等级划分标准　　　　　　　　　　　　　表 5-3

单一污染物污染系数 E_r^i		潜在生态风险指数 RI	
阈值区间	程度分级	阈值区间	程度分级
$E_r^i < 40$	低污染	$RI < 150$	低风险
$40 \leq E_r^i < 80$	中等污染	$150 \leq RI < 300$	中风险
$80 \leq E_r^i < 160$	较高污染	$300 \leq RI < 600$	高风险
$160 \leq E_r^i < 320$	高污染	$600 \leq RI < 1200$	很高风险
$E_r^i \geq 320$	严重污染	$RI \geq 1200$	极高风险

2　沉积物质量评价

2.1　营养盐分布特征

沉积物是水生生态系统的重要组成部分，是污染物特别是营养物质的主要蓄积地。

其性质不仅可间接地反映水体的污染状况，也可以对水体产生重要影响。园区景观水体沉积物检测表明，沉积物 pH 值变化范围为 7.70 ~ 8.09，平均值为 7.94；EC 值变化范围为 0.18mS/cm ~ 0.39mS/cm，平均值为 0.25mS/cm；有机质含量变化范围为 13.12g/kg ~ 43.45g/kg，平均值为 23.19g/kg；有机碳含量变化范围为 7.61g/kg ~ 25.26g/kg，平均值为 13.45g/kg；总氮含量变化范围为 0.73g/kg ~ 1.70g/kg，平均值为 1.12g/kg；总磷含量变化范围为 0.51g/kg ~ 0.69g/kg，平均值为 0.59g/kg；总钾含量变化范围为 25.24g/kg ~ 29.18g/kg，平均值为 26.59g/kg（表 5-4）。从 4 个不同水域来看，西湖的有机质含量、总氮、总磷和总钾含量均低于其他水域，而 pH 值要高于其他 3 个水域；沈泾河沉积物的电导率值、有机质含量和总氮含量则普遍高于其他水体。

沉积物基本理化指标　　　　　　　　　表 5-4

指标	沈泾河	西湖	水生园	东湖	平均值
pH	7.70 ± 0.16	8.09 ± 0.06	8.02 ± 0.11	7.93 ± 0.15	7.94 ± 0.19
电导率（mS/cm）	0.39 ± 0.11	0.19 ± 0.01	0.26 ± 0.02	0.18 ± 0.01	0.25 ± 0.10
有机质（g/kg）	43.45 ± 20.29	13.12 ± 3.81	17.69 ± 0.33	19.92 ± 3.04	23.19 ± 15.45
有机碳（g/kg）	25.26 ± 11.77	7.61 ± 2.22	10.26 ± 0.19	11.55 ± 1.76	13.45 ± 8.96
总氮（g/kg）	1.70 ± 0.64	0.73 ± 0.21	1.04 ± 0.10	1.12 ± 0.21	1.12 ± 0.49
总磷（g/kg）	0.51 ± 0.02	0.59 ± 0.08	0.67 ± 0.01	0.62 ± 0.15	0.59 ± 0.10
总钾（g/kg）	25.24 ± 3.00	25.17 ± 2.35	26.87 ± 2.07	29.18 ± 2.46	2.66 ± 0.28

2.2　营养盐污染评价

植物园景观水体表层沉积物的有机指数变化范围为 0.06 ~ 0.45，平均值为 0.18，整体处于较清洁状态；有机氮变化范围为 0.07% ~ 0.16%，平均值为 0.11%，整体处于尚清洁状态（表 5-5）。从取样区域来看，沈泾河的有机指数和总有机氮均显示最差，分别为尚清洁状态和有机氮污染状态，西湖、水生园和东湖均为较清洁或尚清洁状态。

基于总氮、总磷及综合污染评价标准，沈泾河、西湖、水生园和东湖 4 个水体的分别处于重度污染、轻度污染、中度污染、中度污染和中度污染状态（表 5-6），这与有机指数和有机氮评价结果一致。表明除西湖外，其他水体营养盐的内源负荷不容忽视，尤其是氮源的输入。

沉积物污染评价指数　　　　　　　　　　表 5-5

采样地区	有机指数			总有机氮 %		
	平均值	类型	等级	平均值	类型	等级
沈泾河	0.45 ± 0.38	尚清洁	Ⅲ	0.16 ± 0.06	有机氮污染	Ⅳ
西湖	0.06 ± 0.03	较清洁	Ⅱ	0.07 ± 0.02	尚清洁	Ⅲ
水生园	0.10 ± 0.01	较清洁	Ⅱ	0.10 ± 0.01	尚清洁	Ⅲ
东湖	0.13 ± 0.04	较清洁	Ⅱ	0.11 ± 0.02	尚清洁	Ⅲ
平均值	0.11 ± 0.05	较清洁	Ⅱ	0.11 ± 0.05	尚清洁	Ⅲ

沉积物综合污染评价　　　　　　　　　　表 5-6

区位	$P_{总氮}$	$P_{总磷}$	P_z	污染程度
沈泾河	1.84	2.53	2.21	重度污染
西湖	1.21	1.33	1.27	中度污染
水生园	1.54	1.56	1.55	中度污染
东湖	1.54	1.68	1.61	中度污染
平均值	1.51	1.68	1.60	中度污染

2.3　重金属含量特征

通过测定沉积物中 As、Cr、Zn、Pb、Cd、Ni、Cu、Hg 共 8 项重金属指标，结果表明沉积物中 As 含量变化范围为 4.8mg/kg ~ 6.9mg/kg，平均值为 6.1mg/kg；Cr 含量变化范围为 52.3mg/kg ~ 63.3mg/kg，平均值为 58.2mg/kg；Zn 含量变化范围为 65.9mg/kg ~ 74.4mg/kg，平均值为 67.3mg/kg；Pb 含量变化范围为 20.7mg/kg ~ 24.6mg/kg，平均值为 22.5mg/kg；Cd 含量变化范围为 0.05mg/kg ~ 0.13mg/kg，平均值为 0.09mg/kg；Ni 含量变化范围为 24.8mg/kg ~ 31.4mg/kg，平均值为 28.1mg/kg；Cu 含量变化范围为 22.6mg/kg ~ 30.3mg/kg，平均值为 27.0mg/kg；Hg 含量变化范围为 0.07mg/kg ~ 0.13mg/kg，平均值为 0.10mg/kg（表 5-7）。

相比较于中国湖泊沉积物中重金属含量，全园沉积物 As、Zn、Cd、Ni、Cu 含量不足全国平均值的一半。相比较于土壤环境质量标准，各项指标和各样点指标均低于《土壤环境质量标准》（GB 15618-1995）的一级标准。说明在景观水体中沉积物环境质量基本上保持自然背景水平，未有重金属污染积累。

沉积物重金属含量（单位：mg/kg）　　表 5-7

指标	沈泾河	西湖	水生园	东湖	平均值	全国*	一级**
As	6.9 ± 3.2	5.4 ± 0.4	4.8 ± 3.9	6.9 ± 0.9	6.1 ± 2.1	13.6	15
Cr	55.3 ± 12.5	59.5 ± 1.2	52.3 ± 7.6	63.3 ± 4.4	58.2 ± 7.4	67.6	90
Zn	60.2 ± 6.1	68.1 ± 3.9	65.9 ± 13.2	74.4 ± 2.0	67.3 ± 7.5	160.6	100
Pb	22.1 ± 3.2	22.1 ± 2.9	20.7 ± 4.0	24.6 ± 0.7	22.5 ± 2.8	38.0	35
Cd	0.08 ± 0.09	0.11 ± 0.06	0.13 ± 0.01	0.05 ± 0.04	0.09 ± 0.06	0.94	0.2
Ni	24.8 ± 9.1	29.3 ± 1.2	25.7 ± 3.4	31.4 ± 3.1	28.1 ± 5.1	53.0	40
Cu	22.6 ± 4.8	28.6 ± 4.1	25.7 ± 5.2	30.3 ± 1.3	27.0 ± 4.6	48.0	35
Hg	0.07 ± 0.03	0.10 ± 0.11	0.13 ± 0.01	0.10 ± 0.06	0.10 ± 0.07	0.64	0.15

注：* 为全国湖泊沉积物重金属含量平均值，**《土壤环境质量标准》（GB 15618-1995）

2.4　重金属污染评价

通过计算沉积物重金属的单一污染指数和内梅罗综合污染指数，表明西湖和水生园的 Hg 污染、东湖的 Cu 污染呈中度状态，开始受到污染，而其他各指标多呈清洁和轻度状态（表 5-8）。

As 污染指数变化范围为 0.52 ～ 0.76，平均值为 0.67；Cr 污染指数变化范围为 0.70 ～ 0.84，平均值为 0.78；Zn 污染指数变化范围为 0.70 ～ 0.86，平均值为 0.78；Pb 污染指数

沉积物重金属污染的内梅罗综合污染指数及其分级　　表 5-8

区域	P_i								P_z
	As	Cr	Zn	Pb	Cd	Ni	Cu	Hg	
沈泾河	0.75	0.74	0.70	0.87	0.62	0.78	0.79	0.69	0.81
	轻度	轻度	清洁	轻度	清洁	轻度	轻度	清洁	轻度
西湖	0.60	0.79	0.79	0.87	0.80	0.92	1.00	1.02	0.94
	清洁	轻度	轻度	轻度	轻度	轻度	中度	轻度	轻度
水生园	0.52	0.70	0.77	0.81	0.97	0.81	0.90	1.25	1.07
	清洁	清洁	轻度	轻度	轻度	轻度	轻度	中度	中度
东湖	0.76	0.84	0.86	0.97	0.39	0.99	1.06	0.97	0.96
	轻度	轻度	轻度	轻度	清洁	轻度	中度	轻度	轻度
平均值	0.67	0.78	0.78	0.88	0.68	0.88	0.95	0.96	0.95
	清洁	轻度	轻度	轻度	清洁	轻度	轻度	轻度	轻度

变化范围为0.81~0.97，平均值为0.88；Cd污染指数变化范围为0.39~0.97，平均值为0.68；Ni污染指数变化范围为0.78~0.99，平均值为0.88；Cu污染指数变化范围为0.79~1.06，平均值为0.95；Hg污染指数变化范围为0.81~1.07，平均值为0.95。内梅罗综合污染指数变化范围为0.81~1.07，平均值为0.95，表明区域内重金属污染处于警戒级别范围内，只有水生园开始受到重金属污染，应注意监测。

2.5 重金属潜在危害评价

通过计算单一污染物污染系数和潜在生态风险指数，进行潜在重金属危害评价，结果表明沈泾河、西湖、水生园和东湖的重金属污染均为低污染，其风险状态为低风险（表5-9）。As污染系数变化范围为5.24~7.62，平均值为6.66；Cr污染系数变化范围为1.39~1.69，平均值为1.55；Zn污染系数变化范围为0.70~0.86，平均值为0.78；Pb污染系数变化范围为32.51~38.63，平均值为35.28；Cd污染系数变化范围为11.61~29.20，平均值为20.38；Ni污染系数变化范围为4.03~4.93，平均值为4.40；Cu污染系数变化范围为3.95~5.29，平均值为4.73；Hg污染系数变化范围为3.43~6.27，平均值为4.81。潜在生态风险指数变化范围为74.10~83.90，平均值为78.59。

沉积物重金属污染潜在生态危害指数及其分级　　表5-9

区域	E_r^i								RI
	As	Cr	Zn	Pb	Cd	Ni	Cu	Hg	
沈泾河	7.55	1.48	0.70	34.66	18.45	3.89	3.95	3.43	74.10
	低污染	低污染	低污染	低污染	低污染	低污染	低污染	低污染	低风险
西湖	5.98	1.59	0.79	34.63	23.98	4.58	5.00	5.10	81.65
	低污染	低污染	低污染	低污染	低污染	低污染	低污染	低污染	低风险
水生园	5.24	1.39	0.77	32.51	29.20	4.03	4.49	6.27	83.90
	低污染	低污染	低污染	低污染	低污染	低污染	低污染	低污染	低风险
东湖	7.62	1.69	0.86	38.63	11.61	4.93	5.29	4.84	75.46
	低污染	低污染	低污染	低污染	低污染	低污染	低污染	低污染	低风险
平均值	6.66	1.55	0.78	35.28	20.38	4.40	4.73	4.81	78.59
	低污染	低污染	低污染	低污染	低污染	低污染	低污染	低污染	低风险

3　水质现状评价

3.1　水质年际变化

　　通过分析建设时期（2008 年）、开园时（2010 年）、运营 4 年后（2014 年）和运营 6 年后（2016 年）的水质指标，结果表明，随着时间推移氨氮、总氮和总磷指标呈下降趋势，氨氮从 V 类降为 III 类再降为 II 类，总磷从 V 类降为 II 类，总氮从 V 类降为 IV 类；运营后 COD_{Cr} 含量较开园时高，有机污染物有一定的增加（表 5-10）。说明通过构建合理的生态驳岸、种植水生植物以及人工水处理措施，可以明显降低总氮、氨氮和总磷，但由于植物养护和土壤改良导致的有机物也有增加趋势。

景观水体循环水水质年际变化（单位：mg/L）　　　　　　　　　表 5-10

指标	年份	沈泾河	西湖	水生园	东湖
COD_{Cr}	2008	/	/	/	/
	2010	7.19 I	9.35 I	8.67 I	7.69 I
	2014	17.3 III	16.9 III	21.1 IV	20.7 IV
	2016	14.09 III	13.44 III	13.80 III	15.30 III
总氮	2008	>2.17 劣V	2.09 V	1.94 IV	2.35 V
	2010	1.137 IV	0.773 III	1.527 IV	1.366 IV
	2014	1.22 IV	1.57 IV	1.41 IV	2.01 V
	2016	1.86 IV	1.58 IV	1.81 IV	1.60 IV
氨氮	2008	1.10 IV	1.23 IV	1.04 IV	1.654 V
	2010	0.751 III	0.557 III	0.756 III	0.806 III
	2014	0.215 II	0.243 II	0.233 II	0.443 II
	2016	0.282 II	0.231 II	0.263 II	0.225 II

续表

指标	年份	沈泾河	西湖	水生园	东湖
总磷	2008	0.21 Ⅳ	0.073 Ⅱ	0.059 Ⅱ	0.22 Ⅳ
	2010	0.057 Ⅱ	0.050 Ⅱ	0.052 Ⅱ	0.041 Ⅱ
	2014	0.081 Ⅱ	0.021 Ⅱ	<0.01 Ⅰ	0.065 Ⅱ
	2016	0.061 Ⅱ	0.045 Ⅱ	0.045 Ⅱ	0.057 Ⅱ

注：Ⅰ~Ⅴ表示《地表水环境质量标准》（GB 3838-2002）规定等级

通过对比地表水环境质量标准，不同时期各区域水质变化存在一定差异。建设时期植物园总体水质为劣Ⅴ类，各指标大致呈东湖 > 沈泾河 > 西湖 > 水生园的趋势。开园时水质指标有明显改善，总体水质为Ⅳ类，各指标大致呈水生园 > 东湖 > 沈泾河 > 西湖的趋势。运营4年后，水质指标显著降低，达Ⅳ类水标准，各指标呈东湖 > 西湖 > 水生园 > 沈泾河的趋势。运营6年后，水质进一步提升，达Ⅲ~Ⅳ类水标准，各指标呈西湖 > 东湖 > 水生园 > 沈泾河的趋势。

3.2 水质每月动态

3.2.1 溶解氧

溶解氧值是指溶解在水中的分子态氧，是维持水体生态环境动态平衡的重要因子和维持水生生物生存的必要条件。景观水体平均值溶解氧浓度变化范围为3.86mg/L ~ 10.31mg/L，平均值7.92mg/L，而外河平均值溶解氧浓度变化范围为3.88mg/L ~ 9.77mg/L，平均值为6.37mg/L；溶解氧全年整体呈逐渐下降趋势，最高值出现在2月，最低值出现在12月，除12月外全年基本维持在Ⅲ水以上（图5-2）。按照景观水体不同区域来看，水体溶解氧浓度的大小顺序为东湖 > 西湖 > 沈泾河 > 水生园，这主要是由于东湖和西湖区域水面开阔，水生生物活动增强会导致溶解氧升高。

图5-2 景观水体不同区域溶解氧月动态

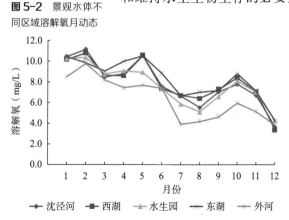

3.2.2　pH

　　水体中 pH 值的日正常变化范围为 1 ～ 2，水体中的 pH 值过高、过低或变化幅度过大，都会影响水生生物的生长。景观水体全年平均值 pH 值变化范围为 7.69 ～ 8.26，平均值 7.99，而外河全年平均值浊度变化范围为 7.49 ～ 7.90，平均值 7.62，在一年中总体春夏季 pH 值大于秋冬季。按照景观水体不同区域来看，水体溶解氧浓度的大小顺序为西湖 > 东湖 > 水生园 > 沈泾河（图 5-3）。

3.2.3　浊度

　　浊度是用来表示水浑浊程度的指标，通常浊度越高，溶液越浑浊。景观水体全年平均值浊度变化范围为 1.98NTU ～ 5.71NTU，平均值 3.72NTU，最高值出现在 6 月，而最低值出现在 5 月，这可能跟汛期有关；而外河全年平均值浊度变化范围为 3.96NTU ～ 54.60NTU，平均值 20.59NTU，均显著高于景观水体，最高值出现在 8 月，最低值出现在 2 月（图 5-4）。从景观水体不同区域来看，浊度大小顺序为水生园 > 沈泾河 > 西湖 > 东湖。

3.2.4　电导率

　　电导率是表示物质传输电流能力强弱的一种测量值，受盐度、溶解固体物质、温度、水源补给等因素的影响，水的电导率是衡量水质的一个很重要的指标。景观水体全年平均值电导率变化范围为 0.454mS/cm ～ 0.620mS/cm，平均值 0.511mS/cm，最高值出现在 3 月，而最低值出现在 8 月；而外河平均值电导率变化范围为 0.464mS/cm ～ 0.752mS/cm，平均值 0.592mS/cm，最高值出现在 3 月，最低值出现在 8 月，3 至 5 月电导率维持一个高值，12

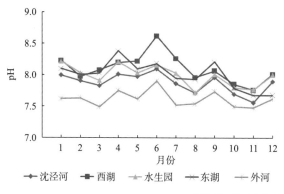

图 5-3　景观水体不同区域 pH 月动态

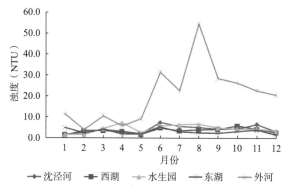

图 5-4　景观水体不同区域浊度月动态

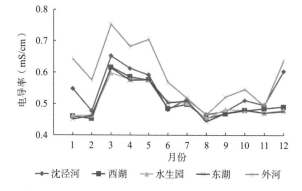

图 5-5　景观水体不同区域电导率月动态

月又出现一个高峰（图 5-5）。按照景观水体不同区域来看，水体电导率的大小顺序为沈泾河 > 西湖 > 水生园 > 东湖，顺着水流方向依次降低。

3.2.5　化学需氧量

所谓化学需氧量表示水中还原性物质多少的一个指标，往往作为衡量水中有机物质含量多少的指标。景观水体全年平均值 COD_{Cr} 变化范围为 11.48mg/L ~ 18.09mg/L，平均值 14.16mg/L，最高值出现在 5 月，而最低值出现在 12 月；而外河全年平均值 COD_{Cr} 变化范围 11.20mg/L ~ 21.78mg/L，平均值 17.00mg/L，最高值出现在 3 月，最低值出现在 11 月，2 月至 6 月 COD_{Cr} 较高，11 月又出现一个高峰，11 和 12 月较低（图 5-6）。按照景观水体不同区域来看，水体 COD_{Cr} 的大小顺序为东湖 > 水生园 > 西湖 > 沈泾河，东湖 5 月的 COD_{Cr} 值高于Ⅲ水标准，其他均在Ⅲ类水以内，个别月份可以达到Ⅱ类水。

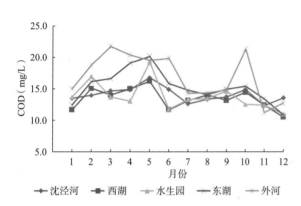

图 5-6　景观水体不同区域化学需氧量月动态

3.2.6　生化需氧量

生化需氧量是表示水中有机物等需氧污染物质含量的一个综合指标。景观水体全年平均值 BOD_5 变化范围为 0.36mg/L ~ 3.49mg/L，平均值 2.11mg/L，呈双峰型，第一个峰值出现在 5 月，第二个峰值出现在 10 月，全年最低值出现在 12 月，全年基本维持在Ⅲ类水水平；而外河全年平均值 BOD_5 变化范围 0.57mg/L ~ 6.20mg/L，平均值 3.50mg/L，最高值出现在 4 月和 5 月，最低值出现在 12 月，3 月至 5 月 BOD_5 较高，10 月又出现一个高峰，12 月较低（图 5-7）。按照景观水体不同区域来看，水体 BOD_5 的大小顺序为东湖 > 沈泾河 > 水生园 > 西湖。

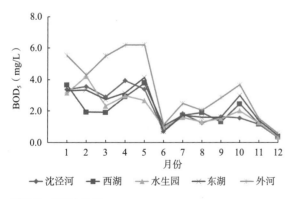

图 5-7　景观水体不同区域生化需氧量月动态

3.2.7　总氮

水中的总氮含量是衡量水质的重要指标之一，有助于评价水体被污染和自净状况。景观水体全年平均值总氮变化范围为 1.26mg/L ~ 2.52mg/L，平均值 1.71mg/L，由于水生园 3 月和 10 月有两个峰值，使得整体呈双峰型，除了东湖 3 月、4 月的水质在Ⅲ以内，其他月份的水质基本在Ⅳ类到Ⅴ类之间，沈泾河、西湖、水生园个别月份水质超过Ⅴ类标准，为劣Ⅴ类水；而外河全年平均值总氮变化范围为 1.95mg/L ~ 6.44mg/L，平均值 3.87mg/L，3 月和 10 月均出现一个高峰，8 月较低，全年都在劣Ⅴ类以上（图 5-8）。按照景观水体不同区域来看，水体总氮的大小顺序为沈泾河 > 水生园 > 东湖 > 西湖。

3.2.8　氨氮

氨氮是最普遍、受影响最大的有机污染物指标。水体中氨氮以游离氨或氨盐的形式存在，来源主要为生活中含氮有机物受微生物分级作用的分解产物。景观水体全年平均值氨氮变化范围为 0.12mg/L ~ 0.39mg/L，平均值 0.25mg/L，最高值出现在 8 月，最低值出现在 5 月，氨氮全年都在Ⅲ类水以内；而外河全年平均值总氮变化范围为 0.56mg/L ~ 2.59mg/L，平均值 1.04mg/L，峰值在 12 月和 1 月，氨氮总量并未超标（图 5-9）。按照景观水体不同区域来看，水体氨氮的大小顺序为沈泾河 > 水生园 > 西湖 > 东湖。

3.2.9　总磷

水体中的磷是藻类生长需要的一种关键元素。景观水体全年平均值总磷变化范围为 0.019mg/L ~ 0.084mg/L，平均值 0.052mg/L，6 月、7 月和 8 月维持较高的浓度，

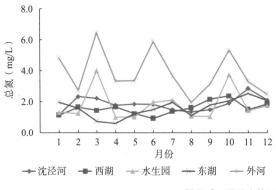

图 5-8　景观水体不同区域总氮月动态

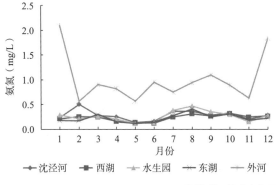

图 5-9　景观水体不同区域氨氮月动态

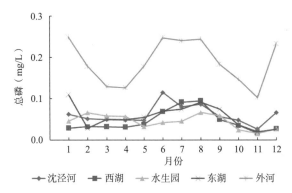

图 5-10　景观水体不同区域总磷月动态

超过Ⅲ类水标准；而外河全年平均值总磷变化范围为 0.102mg/L ~ 0.148mg/L，平均值 0.188mg/L，最高值出现在 6 月并持续维持到 7 月和 8 月，最低值出现在 11 月，总体均超过Ⅲ类水，全年有 5 个月在Ⅴ类水以上（图 5-10）。按照景观水体不同区域来看，水体总磷的大小顺序为沈泾河 > 东湖 > 水生园 > 西湖。

3.3 水质现状综合评价

选择溶解氧、COD$_{Cr}$、总氮、氨氮、总磷和 BOD$_5$ 6 个指标，采用内梅罗综合污染指数法评价了景观水体春（3 月至 5 月）、夏（6 月至 8 月）、秋（9 月至 11 月）、冬（12 月至 2 月）4 个季节的综合污染指数值，并进行了等级划分（表 5-11）。结果表明，沈泾河、西湖、水生园和东湖等水体内梅罗综合污染指数值的变化范围为 0.83 ~ 1.62，平均值为 1.34，均表现为中度污染水平；季节变化呈现为秋季 > 冬季 > 春季 > 夏季。从外河的内梅罗综合污染指数值来看，其变化范围为 3.01 ~ 3.72，平均值为 3.03，季节变化呈现为夏季 > 冬季 > 春季 > 夏季，均表现为严重污染水平。

不同季节水质内梅罗综合污染指数值及其分级　　　　　　表 5-11

区域	春季	夏季	秋季	冬季	平均
沈泾河	1.51	1.47	1.59	1.46	1.46
	中度	中度	中度	中度	中度
西湖	1.14	1.33	1.53	1.20	1.24
	中度	中度	中度	中度	中度
水生园	1.54	1.34	1.57	1.15	1.40
	中度	中度	中度	中度	中度
东湖	0.83	1.26	1.62	1.45	1.27
	轻度	中度	中度	中度	中度
外河	3.36	3.72	3.01	3.40	3.03
	严重	严重	严重	严重	严重

进一步分析各项指标的单一污染指数值及其分级（表 5-12），景观水体和外河中总氮和总磷的单一污染指数值较高，尤其是外河则呈严重污染状态，对水体污染的贡献较大；

景观水体的溶解氧、COD_{Cr}、氨氮和 BOD_5 的污染指数值均呈清洁状态，而外河则轻度或中度污染状态。景观水体总氮的内梅罗污染指数值变化范围为 1.58 ～ 1.86，以东湖和西湖的相对较小，平均值为 1.71，呈现为中度污染状态。景观水体总磷的内梅罗污染指数值变化范围为 0.89 ～ 1.22，以水生园和西湖的相对较小，平均值为 1.04，呈现为中度污染或轻度污染状态。

水质单一污染指数值及其分级　　　　　　　　　表 5-12

区域	P_i					
	溶解氧	COD_{Cr}	总氮	氨氮	总磷	BOD_5
沈泾河	0.64	0.70	1.86	0.28	1.22	0.53
	清洁	清洁	中度	清洁	中度	清洁
西湖	0.63	0.67	1.58	0.23	0.90	0.50
	清洁	清洁	中度	清洁	轻度	清洁
水生园	0.66	0.69	1.81	0.26	0.89	0.50
	清洁	清洁	中度	清洁	轻度	清洁
东湖	0.60	0.77	1.60	0.22	1.13	0.56
	清洁	轻度	中度	清洁	中度	清洁
外河	0.79	0.85	3.87	1.04	3.76	0.87
	轻度	轻度	严重	中度	严重	轻度

4　水环境质量综合评价

　　植物园景观水体沉积物的营养盐呈中度污染状态，而重金属生态风险为低风险；水质检测结果表明，随着时间推移氨氮、总氮和总磷指标呈下降趋势，氨氮从Ⅴ类降为Ⅲ类再降为Ⅱ类，总磷从Ⅴ类降为Ⅱ类，总氮从Ⅴ类降为Ⅳ类；运营后 COD_{Cr} 含量较开园时高，有机污染物有一定的增加。沈泾河、西湖、水生园和东湖 4 个水体分别处于重度污染、轻度污染、中度污染和中度污染状态。说明通过构建合理的生态驳岸、种植水生植物以及人工水处理措施，可以明显降低总氮、氨氮和总磷，但由于植物养护需要投入较高量的肥料以及土壤改良导致的面源污染压力增大，导致有机物有增加趋势。

沉积物是污染物的主要蓄积场所，既含有丰富的氮磷及有机质，又含有多种有害成分。积累在沉积物表层的氮、磷营养物质，一方面可被微生物直接摄入，进入食物链，参与水生生态系统的循环；另一方面，可在一定的物理化学及环境条件下，从沉积物中释放出来而重新进入水中，从而形成湖内污染负荷。与国内其他湖泊（水库）相比（表5-13），植物园景观水体沉积物中有机质平均含量仅低于大莲湖；总氮平均含量低于鄱阳湖、巢湖、洞庭湖和大莲湖；总磷平均含量高于低于巢湖、大莲湖和淀山湖。

不同湖库表层沉积物营养盐含量对比 表5-13

湖库	有机质（g/kg）	总氮（g/kg）	总磷（g/kg）	数据来源
鄱阳湖	15.9	1.34	0.46	王圣瑞等[8]，2012
太湖	12.8	0.86	0.56	袁和忠等[9]，2010
巢湖	/	2.75	1.14	刘成等[10]，2014
洪泽湖	13.6	1.02	0.58	余辉等[11]，2010
洞庭湖	20.6	1.34	0.29	张光贵[12]，2015
大莲湖	74.5	5.42	1.04	张宏伟等[13]，2009
淀山湖	13.79	1.13	0.73	康丽娟[14]，2012
辰山植物园	23.19	1.12	0.59	本研究

沉积物中C/N值在某种程度上反映营养盐来源，因为生物种类不同，其比值不同。有纤维束植物碎屑C/N值大于20，无纤维束植物C/N值为4~12，浮游动物C/N值小于7，浮游植物C/N值为6~14，藻类为4~10。一般认为C/N>10时有机质以陆源为主，C/N<10时以内源为主，C/N≈10时内、外有机质基本达到平衡状态。植物园沉积物中C/N多为10~15，平均值为11.98，最高值为14.89，最低值为9.84（表5-14），表明水体中有机质及营养盐除了少量来自高等植物和浮游生物外，受外源输入影响较大，尤其是沈泾河区域的影响最大。C/P值可反映沉积物中有机碳、磷化合物的分解速率以及磷形态。园区C/P平均值为22.82，以沈泾河最高，西湖最低，较高的C/P说明物质来源主要为陆生物质，生物死后磷快速地自动分解释放，而有机质释放较慢，导致比值较高。应该加强对营养盐外源污染的控制。

	沉积物 C、N、P 比值关系		表 5-14
采样地区	C/N	N/P	C/P
沈泾河	14.89	3.33	49.59
西湖	10.39	1.25	13.00
水生园	9.84	1.56	15.32
东湖	10.28	1.81	18.60
平均值	11.98	1.91	22.82

与上海市内其他湖泊（水库）相比，植物园景观水体沉积物中 Cu、Zn、Cd 和 Pb 要明显低于上海地区其他水体，而 Hg、As、Ni、Cr 则显示不同差别（表 5-15）。计算沉积物重金属的单一污染指数和内梅罗综合污染指数，表明西湖和水生园的 Hg 污染、东湖的 Cu 污染呈中度状态，开始受到污染，而其他各指标多呈清洁和轻度状态，处于警戒级别范围内。同时，潜在生态风险指数分析结果（表 5-9）也表明，沈泾河、西湖、水生园和东湖的重金属污染均为低污染，其风险状态为低风险。

	上海不同水体沉积物重金属含量（单位：mg/L）				表 5-15
指标	大莲湖 [13]	淀山湖 [15]	滴水湖 [7]	公园水体 [16]	本研究
Cu	48.9	88.70	20.38	41.2	27.0
Zn	126	126.31	92.54	155	67.3
Cd	0.249	/	0.180	0.230	0.090
Pb	28.2	42.91	16.32	32.7	22.5
Hg	0.033	/	0.170	0.11	0.100
As	4.65	12.16	4.10	/	6.10
Ni	/	40.00	/	/	28.1
Cr	/	59.68	92.87	/	58.2

参考文献

[1]　方东, 许建华, 徐实. 生态工程治理玄武湖水污染效果的监测与评价 [J]. 环境监测管理与技术, 2001, 13（6）: 36-38.

[2] 朱浩，刘兴国，裴恩乐，等. 大莲湖生态修复工程对水质影响的研究 [J]. 环境工程学报，2010，4（8）：1790-1794.

[3] 王敏，唐景春，朱文英，等. 大沽排污河生态修复河道水质综合评价及生物毒性影响 [J]. 生态学报，2012，32（14）：4535-4543.

[4] 杨洋，刘其根，胡忠军，等. 太湖流域沉积物碳氮磷分布与污染评价 [J]. 环境科学学报，2014，34（12）：3057-3064.

[5] 王苏民，窦鸿身 .1998. 中国湖泊志 [M]. 北京：科学出版社 .

[6] 张玉平，刘金金，张芬. 上海地区池塘沉积物中氮、磷、有机碳及重金属风险评价 [J]. 中国水产科学，2020，27（12）：1448-1463.

[7] 陶征楷，毕春娟，陈振楼，等. 滴水湖沉积物中重金属污染特征与评价 [J]. 长江流域资源与环境，2014，23（12）：1714-1720.

[8] 王圣瑞，倪栋，焦立新，等. 鄱阳湖表层沉积物有机质和营养盐分布特征 [J]. 环境工程技术学报，2012，2（1）：23-28.

[9] 袁和忠，沈吉，刘恩峰，等. 太湖水体及表层沉积物磷空间分布特征及差异性分析 [J]. 环境科学，2010，31（4）：954-960.

[10] 刘成，邵世光，范成新，等. 巢湖重污染汇流湾区沉积物营养盐分布与释放风险 [J]. 环境科学研究，2014，27（11）：1258-1264.

[11] 余辉，张文斌，卢少勇，等. 洪泽湖表层底质营养盐的形态分布特征与评价 [J]. 环境科学，2010，31（4）：961-968.

[12] 张光贵. 洞庭湖表层沉积物营养盐和重金属污染特征及生态风险评价 [J]. 水生态学杂志，2015，36（2）：25-31.

[13] 张宏伟，朱雪诞，车越，等. 基于区域发展与水源保护的大莲湖生态修复途径 [J]. 中国给水排水，2009，25（18）：6-9，15.

[14] 康丽娟. 淀山湖沉积物碳、氮、磷分布特征与评价 [J]. 长江流域资源与环境，2012，21（S1）：105-110.

[15] 徐霖林，马长安，田伟，等. 淀山湖沉积物重金属分布特征及其与底栖动物的关系 [J]. 环境科学学报，2011，31（10）：2223-2232.

[16] 杨静，刘敏，陈玲，等. 上海市湖泊沉积物重金属的空间分布 [J]. 中国环境科学,2018,38（10）：3941-3948.

第 6 章
公园绿地海绵基础设施功能提升

氮素是植物生长发育过程中不可或缺的营养物质，污水中氮素大多以铵盐及硝态氮的形式被植物吸收，用于植物自身的生长发育，最终以定期收割植物的方式可实现将氮素从系统中去除。同时，生长期收割水生植物可以促使水生植物再生长，增加其从水中同化吸收 N、P 的总量，强化水生植物去除营养盐的功能，可以作为一项对富营养化水体进行生态管理的有效措施进行推广。因此，收割水生植物是一种从水体中去除营养物质的有效途径，及时将枯萎的水生植物残体收获是保证湿地系统良好运行的关键[1]。

芦苇、香蒲、水葱等生物量大、根系发达的湿地植物，表现出优异的氮磷吸收能力，被广泛应用于人工湿地，但是关于植物吸收作用对湿地系统脱氮的贡献在学术界一直存在一定的争议。Geller 等[2]（1997）认为植物的直接吸收作用对湿地系统脱氮的贡献较小，仅占氮素去除总量的 4%。熊家晴等研究发现，水平潜流人工湿地中芦苇对氮素的吸收量占比仅为系统氮素去除的 11.3%。而 Breen[3]（1991）和 Rogers[4]（1991）则持相反观点，认为植物吸收对氮的去除贡献较大，并各自通过实验验证植物对氮的吸收量在各自湿地系统脱氮总量的占比分别高达 50% 和 90%。Kadlec[5]（2005）利用 15N 同位素标记法进行研究，结果显示人工湿地中植物体内氮素累积量可达进水氮素的 6% ~ 48% 不等，且造成这一差异的主要原因是植物对氮素的生长需求不同。由此可见，不同生理生态条件下的植物对氮素吸收利用存在显著差异，直接影响植物氮素吸收作用对系统脱氮的贡献。

本章通过景观水体水生植物的氮磷含量、单位面积生物量和氮磷去除总量的测试，划分基于氮磷去除潜力的功能群组；比较不同植物系统的人工湿地净化水质效果及其沿程变化，优化水平潜流人工湿地的结构和功能，筛选出适宜的水生植物种类、配置模式和运行调控措施，为提高景观水体的水质和植物景观提供参考。

1　试验处理与分析方法

1.1　水生植物氮磷去除评价

在 2015 年 ~ 2017 年景观水体水生植物调查的基础上，在 2018 年 ~ 2019 年植物生长旺盛期，选择其中 40 种水生植物进行生物量和植物体氮磷含量测定。其中，挺水植物 27 种，分属 26 个科，其中以禾本科居多；浮水植物 9 种，分属 9 个科；沉水植物 6 种，分属 6 个科（表 6-1）。

供试水生植物基本信息　　　　　　　　　　　　表 6-1

序号	植物名称	拉丁名	生活型	科	属
1	鸢尾	*Iris tectorum*	挺水植物	鸢尾科	鸢尾属
2	泽泻	*Alisma plantago-aquatica*	挺水植物	泽泻科	泽泻属
3	芦苇	*Phragmites australis*	挺水植物	禾本科	芦苇属
4	羊蹄	*Rumex japonicus*	挺水植物	蓼科	酸模属
5	再力花	*Thalia dealbata*	挺水植物	竹芋科	再力花属
6	三白草	*Saururus chinensis*	挺水植物	三白草科	三白草属
7	香蒲	*Typha orientalis*	挺水植物	香蒲科	香蒲属
8	荷花	*Nedumbo nucifera*	挺水植物	莲科	莲属
9	风车草	*Cyperus involucratus*	挺水植物	莎草科	莎草属
10	荻	*Miscanthus sacchariflorus*	挺水植物	禾本科	芒属
11	美人蕉	*Canna indica*	挺水植物	美人蕉科	美人蕉属
12	芦竹	*Arundo donax*	挺水植物	禾本科	芦竹属
13	卵叶水芹	*Oenanthe javanica*	挺水植物	伞形科	水芹属
14	千屈菜	*Lythrum salicaria*	挺水植物	千屈菜科	千屈菜属
15	梭鱼草	*Pontederia cordata*	挺水植物	雨久花科	梭鱼草属
16	花叶水葱	*Scirpus validus*	挺水植物	莎草科	藨草属
17	蒲苇	*Cortaderia selloana*	挺水植物	禾本科	蒲苇属
18	菰	*Zizania latifolia*	挺水植物	禾本科	菰属
19	猪毛草	*Schoenoplectus wallichii*	挺水植物	莎草科	藨草属
20	菖蒲	*Acorus calamus*	挺水植物	天南星科	菖蒲属
21	薏苡	*Coix lacryma-jobi*	挺水植物	禾本科	薏苡属
22	虎杖	*Polygonum cuspidatum*	挺水植物	蓼科	蓼属
23	黄菖蒲	*Iris pseudacorus*	挺水植物	鸢尾科	鸢尾属
24	慈姑	*Sagittaria trifolia*	挺水植物	泽泻科	慈姑属
25	喜旱莲子草	*Alternanthera philoxeroides*	挺水植物	苋科	莲子草属
26	香菇草	*Hydrocotyle verticillata*	挺水植物	伞形科	天胡荽属

续表

序号	植物名称	拉丁名	生活型	科	属
27	萍蓬草	*Nuphar pumilum*	浮叶植物	睡莲科	萍蓬草属
28	睡莲	*Nymphaea tetragona*	浮叶植物	睡莲科	睡莲属
29	四角刻叶菱	*Trapa incisa*	浮叶植物	菱科	菱属
30	水鳖	*Hydrocharis dubia*	浮叶植物	水鳖科	水鳖属
31	浮萍	*Lemna minor*	浮叶植物	浮萍科	浮萍属
32	大藻	*Azolla imbricata*	漂浮植物	满江红科	满江红属
33	满江红	*Pistia stratiotes*	漂浮植物	天南星科	大藻属
34	凤眼蓝	*Eichhornia crassipes*	漂浮植物	雨久花科	凤眼蓝属
35	马来眼子菜	*Potamogeton malaianus*	沉水植物	眼子菜科	眼子菜属
36	苦草	*Vallisneria natans*	沉水植物	水鳖科	苦草属
37	金鱼藻	*Ceratophyllum demersum*	沉水植物	金鱼藻科	金鱼藻属
38	梅花藻	*Batrachium trichophyllum*	沉水植物	毛茛科	水毛茛属
39	粉绿狐尾藻	*Myriophyllum aquaticum*	沉水植物	小二仙草科	狐尾藻属
40	黑藻	*Hydrilla vertieillata*	沉水植物	水鳖科	黑藻属

植物体氮磷含量测定采用浓硫酸—双氧水消解法：称取 0.2g（精确到 0.0001g）粉末样品，倒入消煮管中，添加 5mL 浓硫酸，在 370℃下消煮，不定期加入 H_2O_2，当溶液呈现无色透明时，消煮完成。将消煮管从消煮炉中拿出，缓慢倒入比色管中，定容到 50mL，摇匀。使用间断式流动分析仪（Smartchen 200）仪器全自动测定，得到植物体内氮磷含量数据。氮磷去除量计算公式：去除量（g/m^2）＝鲜重（kg/m^2）×（1－含水率％）×氮磷含量（g/kg）。以植物体氮磷含量和去除量作为变量指标，进行不同氮磷去除功效的聚类分析，划分相应的植物功能群。

1.2　表面流人工湿地试验处理

采用示踪试验测定水力停留时间。采用罗丹明 6G 作为示踪剂，它是一种红色荧光物质，无毒、不会被悬浮物吸附、遇光不会分解。由于罗丹明在水中呈红色，试验中能够很直观地看到示踪剂在湿地中的运动路径和扩散过程。试验于 2014 年 12 月湿地植物全部收割完成后进行（图 6-1）。在示踪剂加入进水口开始时，前 8h 内每半个小时收集 1 次出水口样品，后 16h 内每 1 个小时收集 1 次出水口样品，连续进行 24h。样品收集后在分光光度计上测定样品的吸光度值。

采用水量计时法，在流量计不同显示数值下，测定进水口每个溢流槽的水流速度，建立流量计显示值与实测值之间的关系。同时，测定出水口每个溢流槽的水流速度，换算成出水总量，用于检测表面流人工湿地的水分流失量。

从 2015 年 4 月到 10 月，在表面流人工湿地的进水口和出水口各选择 3 个取样点，逐月采集水样测定溶解氧、浊度、pH、电导率、COD_{Cr}、BOD_5、总氮、氨氮、总磷 9 项指标，用于分析表面流人工湿地的水质净化效果。

图 6-1 罗丹明示踪试验

1.3 水平潜流人工湿地试验处理

1.3.1 湿地床结构改造

人工湿地系统主要包括湿地墙体、沉淀池单元、水平潜流人工湿地单元、进出水管道单元和排水渠单元。该水平潜流人工湿地设置了一个位于入水区域的沉淀池以及设于出水区域的排水渠，入水区域以及出水区域均设置有粗细两层砾石过滤层，入水区域与出水区域之间为水平潜流人工湿地单元，水平潜流人工湿地系统的底层铺设和四周隔墙有土工布防水层。入水口前 60cm 布水区由 20mm ～ 32mm 和 15mm ～ 20mm 砾石分别构成 30cm 填料，种植层由 4mm ～ 10mm 的砾石构成，后端 0.6m 为集水区，也分别由 20mm ～ 32mm 和 15mm ～ 20mm 砾石分别构成 30cm 填料底部，坡度取 45°（图 6-2）。

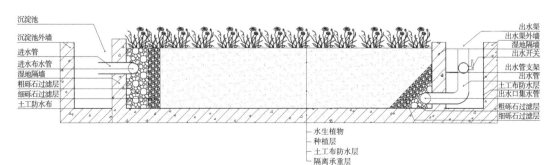

图 6-2 潜流人工湿地结构优化图（著者绘制）

由该人工湿地系统增加渗透性和吸附功能，适当减慢污水的流动速度，为水生植物和微生物创造良好生长环境，保证了污水处理效率，同时兼顾了营造湿地景观的目的。具有保温效果好、处理效果不受季节限制和气候的影响、不易滋生蚊蝇、地面积小、处理效率高、建设成本低、不易堵塞、运行稳定性好、景观效果佳等优点，易于推广应用。

1.3.2　湿地床植物配置试验

试验采用 12 个独立的潜流人工湿地床，每个湿地床长 13m、宽 4.5m，填料主要由粒径 1cm 的砾石组成，深度约 60cm。选择常用的 5 种挺水植物花叶芦竹、风车草、再力花、香蒲、芦苇，每种植物种植 2 个湿地床，种植间距为 0.5m×0.5m，同时设置 2 个空白对照。2016 年 4 月上旬开始，种植 5 种挺水植物的根茎，常规养护缓苗半个月。至 4 月下旬，采用模拟地表低污染水进行水质净化和植物筛选试验。模拟污水参照园区外河水水质，通过添加硝酸钠、氯化铵、复合肥等化学试剂和肥料配制[6]。配制的低污染水按植物生长期分为两个阶段，其具体的水质指标见表 6-2。

试验处理进水水质

表 6-2

指标	第一阶段	第二阶段
pH	8.3 ± 0.4	7.4 ± 0.2
电导率（μS/cm）	500.1 ± 20.9	525.1 ± 15.0
浊度（NTU）	4.3 ± 1.3	3.8 ± 1.0
溶解氧（mg/L）	9.4 ± 3.3	7.9 ± 0.6
化学需氧量（mg/L）	12.5 ± 1.5	14.1 ± 1.4
生化需氧量（mg/L）	5.3 ± 1.4	6.9 ± 0.9
总氮（mg/L）	7.5 ± 1.6	9.8 ± 1.6
氨氮（mg/L）	2.1 ± 1.0	6.9 ± 1.1
总磷（mg/L）	0.2 ± 0.1	1.9 ± 0.1

第一阶段（4 月～7 月）添加一定比例的硝酸钠、氯化铵和尿素，其平均值水质为：pH 8.3、EC 500.1μS/cm、浊度 4.3NTU、溶解氧 9.4mg/L、COD_{Cr} 12.5mg/L、BOD_5 5.3mg/L、总氮 7.5mg/L、氨氮 2.1mg/L、总磷 0.2mg/L。第二阶段（8 月～11 月）追加 N：P：K（15：15：15）的复合肥，其平均值水质为：pH 7.4、EC 525.1μS/cm、浊度 4.3NTU、溶

解氧 9.4mg/L、COD_{Cr} 14.1mg/L、BOD_5 6.9mg/L、总氮 9.8mg/L、氨氮 6.9mg/L、总磷 1.9mg/L。为保证模拟水质均匀，采用泵提升至 4m³ 水桶内，添加试剂混合均匀后灌溉湿地床，每天灌溉 4m³，持续时间 13 ～ 16h，每周 5d。从 5 月至 11 月植物生长期内，每个月分别采集 2 次水样，每次同时采集 12 个湿地床的进水和出水水样。

1.3.3　不同负荷污水处理试验

2017 年 4 月上旬开始，模拟的低污染水参照周边连通油墩港的园区外河水水质，通过添加硝酸钠、氯化铵、复合肥等化学试剂和肥料配制。配制的低污染水设置为低营养和高营养两个等级，分别记为 NPK1 和 NPK2，其水质指标见表 6-3。低营养负荷水（NPK1）平均值水质：pH 8.2、EC 612.2μS/cm、浊度 3.4NTU、溶解氧 9.2mg/L、COD_{Cr} 15.5mg/L、BOD_5 6.7mg/L、总氮 9.2mg/L、氨氮 8.4mg/L、总磷 1.7mg/L。高低营养负荷水（NPK2）平均值水质：pH 8.1、EC 657.4μS/cm、浊度 3.5NTU、溶解氧 7.5mg/L、COD_{Cr} 15.9mg/L、BOD_5 6.7mg/L、总氮 16.1mg/L、氨氮 12.9mg/L、总磷 3.0mg/L。

低营养负荷和高营养负荷处理进水的水质　　表 6-3

指标	低营养负荷 NPK1	高营养负荷 NPK2
pH	8.2 ± 0.2	8.1 ± 0.2
电导率（μS/cm）	612.2 ± 23.8	657.4 ± 1.3
浊度（NTU）	3.4 ± 0.7	3.5 ± 0.2
溶解氧（mg/L）	7.4 ± 0.3	7.5 ± 0.3
化学需氧量（mg/L）	15.5 ± 1.3	15.9 ± 1.9
生化需氧量（mg/L）	6.7 ± 0.5	6.7 ± 0.5
总氮（mg/L）	9.2 ± 1.8	16.1 ± 1.7
氨氮（mg/L）	8.4 ± 2.2	12.9 ± 1.9
总磷（mg/L）	1.7 ± 0.2	3.0 ± 0.5

为保证模拟水质均匀，采用泵提升至 4m³ 水桶内，添加试剂混合均匀后灌溉湿地床，每天灌溉 4m³，持续时间 13h ～ 16h，每周 5d。从 5 月至 11 月植物生长期内，每个月分别采集 1 次水样，每次同时采集 12 个湿地床的进水口、1/3 湿地床处、2/3 湿地床处和出水口的水样。

2 景观水体水生植物氮磷去除潜力

2.1 不同水生植物氮磷含量

通过比较 40 种水生植物体内氮磷含量，结果表明水生植物体内氮含量变化范围为 4.50g/kg ~ 29.87g/kg，平均值为 15.12g/kg；磷含量变化范围为 1.83g/kg ~ 6.25g/kg 平均值为 2.69g/kg（表 6-4）。

不同水生植物体内氮磷含量比较   表 6-4

植物	总氮（g/kg）	总磷（g/kg）	植物	总氮（g/kg）	总磷（g/kg）
鸢尾	15.11	1.55	薏苡	3.54	2.09
泽泻	17.85	4.35	虎杖	9.18	1.16
芦苇	6.12	1.10	黄菖蒲	11.27	2.38
羊蹄	5.86	1.41	慈姑	16.89	3.79
再力花	13.08	1.48	喜旱莲子草	24.48	2.34
三白草	8.47	1.69	香菇草	16.56	3.44
香蒲	8.46	1.43	萍蓬草	26.21	4.42
荷花	23.11	4.00	睡莲	16.28	1.94
风车草	8.48	1.81	四角刻叶菱	30.61	3.62
荻	8.55	2.07	水鳖	28.31	4.04
美人蕉	13.46	5.23	浮萍	24.16	6.42
芦竹	30.87	3.08	满江红	28.49	4.47
卵叶水芹	20.70	3.22	大藻	10.43	3.26
千屈菜	14.16	2.31	凤眼蓝	9.62	2.99
梭鱼草	16.64	2.83	马来眼子菜	21.79	2.38
花叶水葱	5.22	1.20	苦草	15.25	2.69
蒲苇	11.55	2.24	金鱼藻	9.96	1.83

续表

植物	总氮（g/kg）	总磷（g/kg）	植物	总氮（g/kg）	总磷（g/kg）
菰	7.10	1.89	梅花藻	27.94	3.89
猪毛草	9.33	1.68	狐尾草	9.26	1.91
菖蒲	8.24	2.02	黑藻	12.05	1.99

挺水植物植物体内氮含量变化范围为 4.50g/kg ~ 28.90g/kg，平均值为 12.86g/kg，以花叶水葱最低、芦竹最高；磷含量变化范围为 1.09g/kg ~ 4.93g/kg，平均值为 2.38g/kg，以花叶水葱最低、美人蕉最高。浮叶植物植物体内氮含量为 16.28g/kg ~ 30.61g/kg，平均值为 25.35g/kg，睡莲最低、四角刻叶菱最高；磷含量变化范围为 1.94g/kg ~ 4.42g/kg，平均值为 3.51g/kg，睡莲最低、萍蓬草最高。漂浮植物植物体内氮含量为 9.62g/kg ~ 28.49g/kg，平均值为 18.18g/kg，凤眼蓝最低、满江红最高；磷含量变化范围为 2.99g/kg ~ 6.42g/kg，平均值为 4.29g/kg，凤眼蓝最低、浮萍最高。沉水植物植物体内氮含量变化范围为 11.28g/kg ~ 27.94g/kg，平均值为 17.01g/kg，金鱼藻最低，梅花藻最高；磷含量变化范围为 1.83g/kg ~ 3.89g/kg，平均值为 3.28g/kg，金鱼藻最低、梅花藻最高。

2.2　不同水生植物氮磷去除量

通过比较 40 种水生植物的生物量，结果表明水生植物单位面积的生物量变化较大，鲜重和干重的变化范围分别为 0.02kg/m² ~ 6.85kg/m² 和 0.02kg/m² ~ 6.10kg/m²，平均值分别为 1.60kg/m² 和 1.41kg/m²。各水生植物单位面积氮去除量的变化范围为 0.09g/m² ~ 17.15g/m²，平均值为 4.56g/m²；单位面积磷去除量的变化范围为 0.01g/m² ~ 3.31g/m²，平均值为 0.83g/m²（表 6-5）。

挺水植物鲜重生物量的变化范围为 0.24kg/m² ~ 7.40kg/m²，平均值为 2.43kg/m²；干重生物量的变化范围为 0.22kg/m² ~ 5.81kg/m²，平均值为 1.94kg/m²，均是香菇草最低、纸莎草最高。浮叶植物鲜重生物量的变化范围为 0.38kg/m² ~ 1.08kg/m²，平均值为 0.81kg/m²；干重生物量的变化范围为 0.37kg/m² ~ 0.97kg/m²，平均值为 0.75kg/m²，均是水鳖最低、睡莲最高。漂浮植物鲜重生物量的变化范围为 0.31kg/m² ~ 5.41kg/m²，平均值为 1.92kg/m²；干重生物量的变化范围为 0.29kg/m² ~ 5.07kg/m²，平均值为 1.80kg/m²，

不同水生植物生物量和氮磷去除量　　　　　　　　　　表6-5

序号	植物名称	鲜重（kg/m²）	干重（kg/m²）	氮去除量（g/m²）	磷去除量（g/m²）
1	鸢尾	0.38	0.32	0.88	0.09
2	泽泻	2.90	2.57	6.16	1.43
3	芦苇	4.07	2.97	7.53	1.19
4	羊蹄	1.63	1.25	2.49	0.52
5	再力花	6.33	5.46	11.09	1.29
6	三白草	0.45	0.35	0.78	0.17
7	香蒲	4.84	3.75	9.17	1.27
8	荷花	1.74	1.54	4.76	0.82
9	风车草	7.40	5.81	11.57	2.97
10	荻	1.13	0.93	1.81	0.35
11	美人蕉	1.44	1.35	1.01	0.42
12	芦竹	4.08	3.65	12.34	1.30
13	卵叶水芹	0.76	0.69	1.64	0.24
14	千屈菜	1.03	0.78	2.31	0.45
15	梭鱼草	6.85	6.10	12.75	2.14
16	花叶水葱	5.16	3.89	5.70	1.38
17	蒲苇	5.16	3.74	17.15	3.31
18	菰	0.27	0.20	0.53	0.18
19	猪毛草	0.48	0.39	0.68	0.16
20	菖蒲	0.56	0.30	1.52	0.52
21	薏苡	1.74	1.23	2.97	1.15
22	虎杖	1.68	0.57	10.32	1.31
23	黄菖蒲	0.82	0.49	2.89	0.72
24	慈姑	1.12	1.01	1.76	0.41
25	喜旱莲子草	0.98	0.89	2.09	0.19
26	香菇草	0.24	0.22	0.40	0.08
27	萍蓬草	0.88	0.83	1.39	0.24
28	睡莲	1.08	0.97	1.72	0.23
29	四角刻叶菱	0.89	0.82	2.07	0.25
30	水鳖	0.38	0.37	0.25	0.04

续表

序号	植物名称	鲜重（kg/m²）	干重（kg/m²）	氮去除量（g/m²）	磷去除量（g/m²）
31	浮萍	0.45	0.42	0.62	0.20
32	满江红	0.31	0.29	0.51	0.08
33	大藻	1.49	1.41	0.82	0.26
34	凤眼蓝	5.41	5.07	3.25	1.01
35	马来眼子菜	0.04	0.03	0.47	0.08
36	苦草	2.9	2.61	98.08	16.13
37	金鱼藻	0.024	0.02	0.09	0.01
38	梅花藻	0.20	0.20	/	/
39	狐尾草	0.09	0.07	0.13	0.03
40	黑藻	0.65	0.61	10.23	1.70

满江红最低、凤眼蓝最高。沉水植物鲜重生物量的变化范围为 $0.02kg/m^2 \sim 0.65kg/m^2$，平均值为 $1.23kg/m^2$；干重生物量的变化范围为 $0.02kg/m^2 \sim 2.61kg/m^2$，平均值为 $1.14kg/m^2$，均是金鱼藻最低、黑藻最高。

挺水植物单位面积氮去除量的变化范围为 $0.40g/m^2 \sim 17.15g/m^2$，平均值为 $5.09g/m^2$；单位面积磷去除量的变化范围为 $0.08g/m^2 \sim 3.31g/m^2$，平均值为 $0.93g/m^2$，均是香菇草最低、蒲苇最高。浮叶植物单位面积氮去除量的变化范围为 $0.25g/m^2 \sim 2.07g/m^2$，平均值为 $1.38g/m^2$，单位面积磷去除量的变化范围为 $0.04g/m^2 \sim 0.25g/m^2$，平均值为 $0.19g/m^2$，均是水鳖最低、四角刻叶菱最高。浮叶植物单位面积氮去除量的变化范围为 $0.51g/m^2 \sim 3.25g/m^2$，平均值为 $1.30g/m^2$；单位面积磷去除量的变化范围为 $0.08g/m^2 \sim 1.01g/m^2$，平均值为 $0.39g/m^2$，均是满江红最低、凤眼蓝最高。沉水植物单位面积氮去除量的变化范围为 $0.09g/m^2 \sim 98.08g/m^2$，平均值为 $10.51g/m^2$；单位面积磷去除量的变化范围为 $0.01g/m^2 \sim 16.13g/m^2$，平均值为 $1.82g/m^2$，均是梅花藻和金鱼藻最低、苦草最高。

2.3 不同生活型氮磷去除量

通过比较不同生活型水生植物氮磷含量和单位面积氮磷去除量发现（表6-6），植物体内氮含量大小顺序为浮叶植物 > 漂浮植物 > 沉水植物 > 挺水植物；磷含量则表现为漂

浮植物 > 浮叶植物 > 沉水植物 > 挺水植物。由于不同生活型间植物单位面积生物量差异较大，导致通过收割管理植物的氮去除量大小顺序为挺水植物 > 浮叶植物 > 漂浮植物 > 沉水植物；磷则表现为挺水植物 > 漂浮植物 > 浮叶植物 > 沉水植物。

不同生活型水生植物氮磷含量和去除量比较　　　　　　　　　　表 6-6

植物种类	氮含量（g/kg）	磷含量（g/kg）	氮去除量（g/m²）	磷去除量（g/m²）
挺水植物	12.41 ± 6.88	2.41 ± 1.15	5.25 ± 4.84	0.96 ± 0.85
浮叶植物	25.35 ± 6.31	3.51 ± 1.09	1.36 ± 0.79	0.19 ± 0.10
漂浮植物	18.18 ± 9.58	4.29 ± 1.56	1.30 ± 1.31	0.39 ± 0.42
沉水植物	15.05 ± 6.72	2.43 ± 0.78	0.63 ± 0.44	0.11 ± 0.08

2.4　水生植物功能群划分

根据 40 种水生植物植物体氮磷含量、生物量以及氮磷去除量进行聚类分析，可以划分为 5 个类型（表 6-7 和图 6-3）。

水生植物不同功能群的营养盐去除特征　　　　　　　　　　表 6-7

类型	氮含量（g/kg）	磷含量（g/kg）	鲜重（kg/m²）	氮去除量（g/m²）	磷去除量（g/m²）
I	12.28 ± 4.00	2.13 ± 0.60	6.44 ± 0.96	13.14 ± 2.76	2.43 ± 0.90
II	7.73 ± 2.11	1.50 ± 0.83	4.23 ± 1.51	7.19 ± 2.81	1.23 ± 0.14
III	10.17 ± 3.37	2.07 ± 0.46	0.72 ± 0.55	1.83 ± 2.36	0.40 ± 0.44
IV	23.01 ± 6.11	4.07 ± 1.05	0.70 ± 0.41	1.07 ± 0.76	0.20 ± 0.14
V	23.55 ± 5.14	3.79 ± 0.68	2.91 ± 1.17	7.75 ± 4.03	1.18 ± 0.32

第 I 类有蒲苇、风车草、梭鱼草和再力花 4 种，其特征为总氮、总磷含量中等偏低，鲜重生物量最高，单位面积氮磷去除量最高。

第 II 类有凤眼蓝、芦苇、花叶水葱、香蒲和虎杖 5 种，其特征为总氮、总磷含量低，鲜重生物量较高，单位面积氮磷去除量较高。

第 III 类有薏苡、菖蒲、黄菖蒲、千屈菜、荻、羊蹄（*Rumex japonicus*）、猪毛草（*Schoenoplectus wallichii*）、三白草、粉绿狐尾藻、黑藻、金鱼藻、鸢尾、睡莲、马来眼子菜、苦草、菰和大藻（*Pistia stratiotes*）17 种，其特征为总氮、总磷含量低，鲜重生物量最低，单位面积氮磷去除量最低。

第Ⅳ类有浮萍、美人蕉、慈姑、香菇草、喜旱莲子草、卵叶水芹（*Oenanthe javanica*）、四角刻叶菱、梅花藻、水鳖、萍蓬草和满江红归等 11 种，其特征为总氮、总磷含量最高，鲜重生物量较低，单位面积氮磷去除量较低。

第Ⅴ类有荷花、泽泻和芦竹 3 种，其特征为总氮、总磷含量高，鲜重生物量较低，单位面积氮磷去除量较高。

2.5　景观水体水生植物管理对策

植物园水生植物调查表明，挺水植物中应用频度在 60% ~ 80% 的有芦苇、再力花、梭鱼草，应用频度在 40% ~ 60% 的有千屈菜、菰，使得东湖和西湖景区部分景点水生植物景观雷同，缺少特色，给游客带来视觉上的审美疲劳。除了积极引进新优物种并进行推广应用如三白草、薏苡、雄黄兰、水薄荷、爆米花慈姑等公园绿地水体中均较为少见的种类外，更需要针对水质评价结果表明的氮磷营养负荷过高问题，选择可以通过植物收割带走较高氮磷量的水生植物种类，如第Ⅰ类和第Ⅱ类的植物种类，但凤眼蓝等入侵植物需慎用。

收割水生植物是一种从水体中去除营养物质的有效途径，及时将枯萎的水生植物残体收获是保证湿地系统良好运行的关键。死亡植物残体经过自然腐烂分解后，所含氮、磷的 70% 以上会在短期内被释放进入水体，参与水体的营养再循环，接近 30% 的氮、磷将会随着生物沉积进入沉积物，参与地球化学循环。目前，植物园景观水体水生植物进行定期打捞和收割。研究发现沉水植物对磷的释放一般需要 10d 左右，总氮的释放需要 28d ~ 30d，因此沉水植物必须在死亡 1 周之内收割[7]，但是限于人力和财力，即使每天打捞沉水植物，仍有不少残体漂浮于水面上。另外，多次收

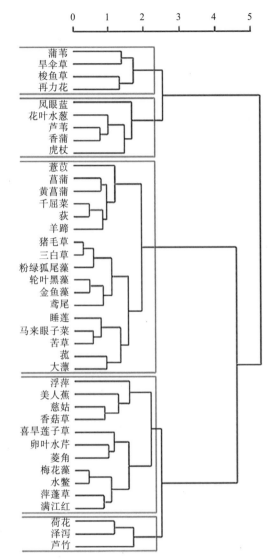

图 6-3　水生植物氮磷去除潜力聚类分析结果

割收获的植物生物量和可带走的总氮、总磷量均高于一次收割，且根据氮磷吸收量确定水生美人蕉、铜钱草、灯心草的最佳收获时间分别为 6 月、5 月和 4 月 [8]。因此，除了秋冬季节收割即将枯萎的植株外，其他季节应根据不同植物的生长特性，制定相应收割管理策略，达到高效去除氮磷的目的。

3　表面流人工湿地优化对策

3.1　基建结构优化

植物园表面流人工湿地面积为 3000m², 设计有效水深为 0.3m, 水力停留时间为 0.3d。于 2014 年冬季（11 月），通过实际测量不同流量下进水口和出水口的流量，建立流量计和实测流量值的线性关系：y=0.550x+6.216（图 6-4），发现流量计和实测值之间存在较大误差，在管理和应用时需要进行校正。

在调整控制流量计阀门大小，实测不同流量大小下进水口和出水口的水量后发现，实际运营后最大水流速率为 83.5m/h，日处理量仅 2003.7m³，仅占到设计值的 2/3，表面流人工湿地的最大水力负荷为 0.67m³/（m²·d），水量损失率为 29.5%，出水口水量仅有 1412.2m³/d；降低进水水量至 1000m³/d 时，水力负荷为 0.31m³/（m²·d），水量损失率为 37.6%，出水口水量仅有 577.3m³/d（表 6-8）。砖混结构的表面流人工湿地存在明显渗漏问题，经过其处理后的水量较难满足水平潜流湿地床的处理量。

图 6-4　水量计读数与实测流量间的关系

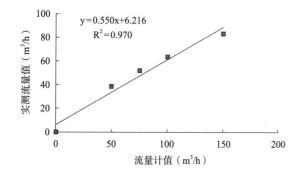

3.2　水力停留时间

人工湿地系统水力停留时间与除磷效果呈显著线性正相关关系，除氮效果也随时间的延长而提高，1d ~ 2d 的

表面流人工湿地水体流量测算　　　　　　　　　　　　　　表 6-8

进水口（m³/d）	出水口（m³/d）	损失率（%）	水力负荷（m³/（m²·d））
925.6	577.3	37.6	0.31
1249.7	832.5	33.4	0.42
1524.3	1049.2	31.2	0.51
2003.7	1412.2	29.5	0.67

停留时间可以达到 90% 的硝氮去除率。通常情况下，水力停留时间达到 2d 以左右，可以去除 80% 的总悬浮物，2d 后各种水生藻类开始生长，引起 pH 变化，促进沉水植物的生长，可以促进氨氮挥发、磷的沉降。因此，为了避免藻华，最大限度发挥人工湿地系统对氮磷的去除效果，水力停留时间考虑以 2d 左右为宜。

利用罗丹明 6G 进行示踪试验表明，在最大流速下湿地床的水力实际停留时间为 5.1h，理论停留时间为 7.8h，与有效发挥人工湿地去除水体污染物的要求时间相距较远（图 6-5）。应适当降低人工湿地的日处理量，进水口水量控制在 1000m³/d，水力负荷达 0.3m³/（m²·d）左右，整个表面流人工湿地理论停留时间约 24h。

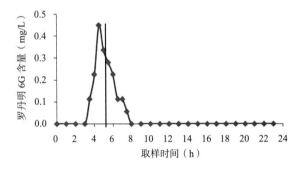

图 6-5 表面流人工湿地水力停留时间

3.3 水质净化效果

发现出水口的水质浊度和总磷的含量要高于进水口；而溶解氧、pH、电导率、COD_{Cr}、BOD_5、总氮和氨氮 7 项指标要低于进水口，但差别并不显著，去除率分别为 14.40%、5.14%、0.24%、2.84%、12.43%、5.86%、10.54%（表 6-9）。可见，在现有水流和植物系统作用下，水平潜流人工湿地对 BOD_5、氨氮具有相对较高的去除率，总氮去除效率低，溶解氧、浊度和总磷反而变差，而且个别月出水口水质劣于进水口。这可能与水力停留时间较短以及湿地系统多年运行后达到饱和容量有关。

表面流人工湿地进水口和出水口水质比较 表6-9

指标	进水口	出水口	去除率（%）
溶解氧（mg/L）	4.74 ± 0.88	4.06 ± 1.34	14.40
浊度（NTU）	2.03 ± 1.52	2.09 ± 1.36	-3.08
pH	7.81 ± 0.36	7.41 ± 0.30	5.14
电导率（μS/cm）	535.5 ± 59.1	534.1 ± 60.8	0.24
COD_{Cr}（mg/L）	17.28 ± 2.57	16.79 ± 4.15	2.84
BOD_5（mg/L）	1.70 ± 0.25	1.49 ± 0.51	12.43
总氮（mg/L）	1.73 ± 0.18	1.63 ± 0.47	5.86
氨氮（mg/L）	0.27 ± 0.08	0.24 ± 0.12	10.54
总磷（mg/L）	0.060 ± 0.029	0.061 ± 0.027	-1.88

3.4 具体优化措施

通常情况下，表面流人工湿地沉降区水力停留时间限制在2d～3d，大约可以去除80%的总悬浮物；植被净化区2d～3d的水力停留时间可以保证客观的反硝化作用效果。潜流人工湿地的厌氧条件正适合反硝化脱氮作用，水力停留时间以2d～4d为宜。研究发现，水力负荷控制在0.25m³/（m²·d）～0.35m³/（m²·d）、水力停留时间控制在3d左右时，可以取得较好的总氮和总磷去除效果[9-10]。通过监测景观水体水质条件，针对不同水质要求调控入水水量，植物园表面流人工湿地系统可控制在1000m³/d左右，水力停留时间维持1d～2d，水力负荷控制在0.3m³/（m²·d）左右，整个表面流人工湿地理论停留时间约24h。

植物园表面流人工湿地系统湿地床的基础结构由砖混结构组成，通过夯实黏土来做底部防渗，砖砌混凝土外粘合防渗膜来做好侧面防渗。多年运行后因沉降等不可抗拒力量，加上该系统路基面高于外部河道，导致表面流人工湿地床的水量渗漏率达到29.5%～37.6%，实际出水量仅有925.6m³/d～2003.7m³/d，仅占到设计处理量的2/3，无法实现水平潜流人工湿地的均匀配水。因此，建议采用钢筋混凝土结构做好侧面的防漏水。

4　水平潜流人工湿地效能提升

4.1　高功效植物配置方式

4.1.1　不同湿地床水质净化效果

与未种植植物的人工湿地相比，种植植物湿地床对 BOD_5、COD_{Cr}、氨氮、总氮和总磷的去除率显著较强，平均值分别高出对照 2.4% ~ 10.2%、3.5% ~ 9.3%、14.2% ~ 19.2%、19.5% ~ 29.1% 和 16.1% ~ 20.7%，各植物系统间差异不显著（表 6-10）。

不同植物人工湿地系统的水质净化率（单位：%）　　　　表 6-10

处理	BOD_5	COD_{Cr}	氨氮	总氮	总磷
对照	78.8 ± 17.7a	28.5 ± 7.9b	75.0 ± 14.4b	44.5 ± 11.3b	56.1 ± 20.6b
花叶芦竹	89.0 ± 13.8a	35.0 ± 13.2a	89.2 ± 12.4a	73.6 ± 17.8a	72.2 ± 21.1a
风车草	81.2 ± 28.1a	37.0 ± 15.0a	90.8 ± 11.6a	66.8 ± 18.8a	76.7 ± 24.2a
再力花	88.0 ± 18.9a	37.8 ± 13.6a	92.5 ± 9.8a	64.0 ± 15.4a	76.8 ± 23.0a
香蒲	87.1 ± 14.6a	35.5 ± 11.3a	90.8 ± 8.7a	68.2 ± 19.0a	74.2 ± 21.4a
芦苇	89.0 ± 11.9a	36.2 ± 16.6a	94.5 ± 5.6a	65.7 ± 17.4a	73.6 ± 22.9a

注：ab 表示差异显著性检验，具有相同字母则差异不显著

不同植物种植湿地床，对 BOD_5 的去除率为 81.2% ~ 89.0%，以花叶芦竹和芦苇最高，其次为再力花和香蒲，风车草的去除率最低。对 COD_{Cr} 的去除率为 32.0% ~ 37.8%，以再力花和风车草最高，其次为香蒲和芦苇，花叶芦竹的去除率最低，在 6 月和 10 月有两个高峰。对氨氮的去除率为 89.2% ~ 94.5%，以芦苇最高，其次为再力花，花叶芦竹的去除率最低，在 8 月达到最大值，并将高效处理效率维持到 11 月。对总氮的去除率为 64.0% ~ 73.6%，以花叶芦竹最高，其次为香蒲、风车草和芦苇，再力花的去除率最低，在 8 月以后保持相对较高的去除效率。对总磷的去除率 72.2% ~ 76.8%，以再力花和风

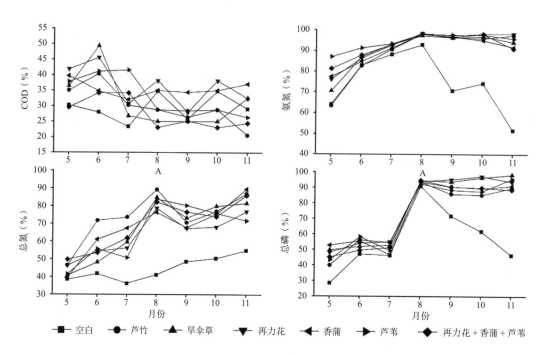

图 6-6 不同植物人工湿地系统水质净化月动态

图例: ■ 空白　● 芦竹　▲ 旱伞草　▼ 再力花　◄ 香蒲　► 芦苇　◆ 再力花 + 香蒲 + 芦苇

车草最高，香蒲和芦苇次之，花叶芦竹的去除率最低，都在 8 月以后保持相对较高的去除效率（图 6-6）。

4.1.2　不同湿地床植物生长特征

从入水口往出水口方向，5 种挺水植物随着种植距离增加株高和单位面积干生物量呈指数或线性下降（图 6-7 和表 6-11）。随着种植距离 D 增加，花叶芦竹、风车草和再力花的株高 H 呈指数下降，其与种植距离的关系分别为 $H=2.547e^{-0.07D}$，$H=2.140e^{-0.08D}$ 和 $H=2.932e^{-0.18D}$，当种植长度分别达 9m、8m 和 6m 以上，植物生长高度分别仅为入水口植株高度的 46.9%、47.5% 和 41.5%。香蒲和芦苇的株高呈线性下降，其与种植距离的关系分别为 $H=-0.39\ln D+2.220$ 和 $H=-0.40\ln D+2.110$，当种植长度 13m 以上，植物生长高度分别为入水口植株高度的 63.4% 和 62.5%。

随着种植距离 D 增加，5 种植物的单位面积生物量 B 均呈指数下降，其关系分别为 $B=-0.59\ln D+1.717$、$B=-1.20\ln D+2.896$、$B=-1.78\ln D+4.429$、$B=-0.33\ln D+0.964$ 和 $B=-0.98\ln D+2.351$（表 6-11）。从生物量积累来看，再力花、风车草、芦苇的累计生物

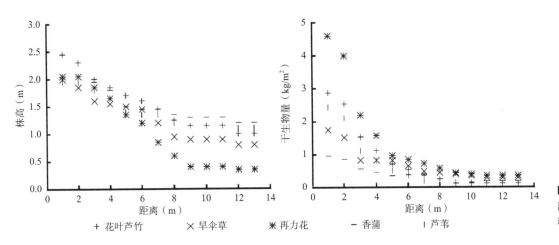

图6-7 不同种植距离植物株高和单位面积干生物量的变化

+ 花叶芦竹　　× 旱伞草　　✳ 再力花　　− 香蒲　　| 芦苇

植物株高和单位面积生物量与种植距离的关系　　　　　　　表 6-11

种类	株高（H）与距离（D）的关系	干生物量（B）与距离（D）的关系
花叶芦竹	$H=2.547e^{-0.07D}$，$R^2=0.972$	$B=-0.59\ln(D)+1.717$，$R^2=0.950$
风车草	$H=2.140e^{-0.08D}$，$R^2=0.949$	$B=-1.20\ln(D)+2.896$，$R^2=0.947$
再力花	$H=2.932e^{-0.18D}$，$R^2=0.944$	$B=-1.78\ln(D)+4.429$，$R^2=0.921$
香蒲	$H=-0.39\ln(D)+2.220$，$R^2=0.916$	$B=-0.33\ln(D)+0.964$，$R^2=0.933$
芦苇	$H=-0.40\ln(D)+2.110$，$R^2=0.931$	$B=-0.98\ln(D)+2.351$，$R^2=0.917$

图6-8 进水口和出水口植物根冠比比较

量积累在2m处已占湿地床总生物量的51.5%、49.6%和54.4%，分别至7m、9m和7m处时累计生物量积累已占到90%以上；花叶芦竹、香蒲的累计生物量在5m处占到50%以上，分别至10m和11m处时累计生物量占到90.2%和92.7%。

比较进水口和出水口植物的根冠比发现，5种植物的根冠比在出水口显著高于进水口。其中，风车草的变化比例最大，出水口植物为进水口植物的5.14倍；其次为花叶芦竹、香蒲和再力花，分别为3.96倍、3.67倍和2.31倍；芦苇变化最小，出水口植物仅为进水口植物的1.68倍（图6-8）。

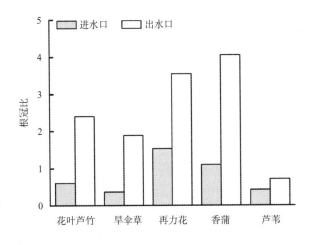

4.1.3　不同植物氮磷去除特征

　　5种水生植物地上部分氮磷去除量（y）随着种植距离（x）增加呈指数或对数下降，累计去除量占总去除量的比例呈指数上升（图6-9）。整个湿地床花叶芦竹、风车草、再力花、香蒲、芦苇地上部分的总氮去除量分别为162.4g、381.2g、212.1g、77.4g和362.9g，以风车草和芦苇最高，再力花和花叶芦竹次之，香蒲积累量最小。随着植物种植距离的增加，花叶芦竹分别在3m和11m处累计去除量占到总去除量的50.4%和92.9%，风车草分别在3m和8m处占到61.9%和90.7%，再力花分别在2m和7m处占到51.8%和93.6%，香蒲分别在4m和11m处占到58.4%和93.0%，芦苇分别在2m和4m处占到64.9%和92.4%。可见，再力花和芦苇在较短种植距离内积累了大量的总氮，花叶芦竹和风车草次之，香蒲的积累量最小。

　　整个湿地床花叶芦竹、风车草、再力花、香蒲、芦苇地上部分的总磷去除量分别为5.5g、30.8g、12.6g、2.5g和9.1g，以风车草最高，再力花、芦苇、花叶芦竹次之，香蒲

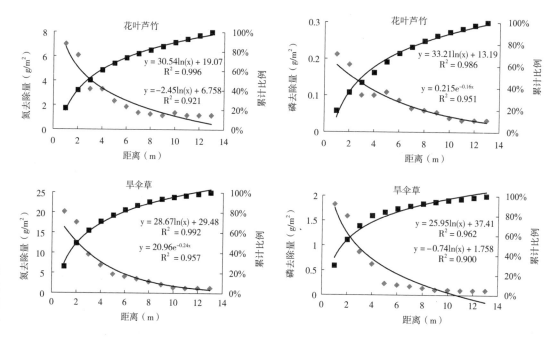

图6-9 水生植物氮磷去除量和累计比例与种植长度的关系（一）

积累量最小。随着植物种植距离的增加，花叶芦竹分别在 4m 和 10m 处累计去除量占到总去除量的 54.0% 和 91.3%，风车草分别在 2m 和 8m 处占到 55.5% 和 92.0%，再力花分别在 2m 和 6m 处占到 54.4% 和 90.7%，香蒲分别在 5m 和 10m 处占到 58.1% 和 90.4%，芦苇分别在 2m 和 4m 处占到 63.3% 和 90.2%。可见，芦苇和再力花在较短种植距离内积累了大量的总磷，风车草和花叶芦竹次之，香蒲的积累量最小。

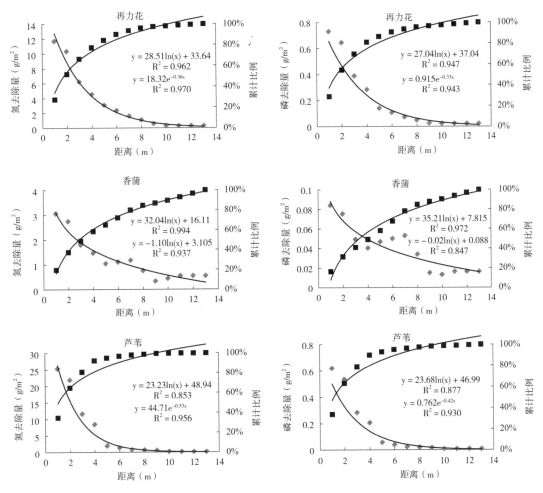

图 6-9　水生植物氮磷去除量和累计比例与种植长度的关系（二）

4.2　不同负荷污水处理效果

4.2.1　水资源处理量

植物生长季期间，低营养处理下不同植物人工湿地系统的水分蒸散量为 5.04L/（m² · d）~ 8.10L/（m² · d），高营养处理下为 6.85L/（m² · d）~ 9.62L/（m² · d），未种植植物湿地床为 2.05L/（m² · d）。芦竹、再力花、芦苇和混合种植湿地床，高营养处理的水分蒸散量更高（图 6-10）。

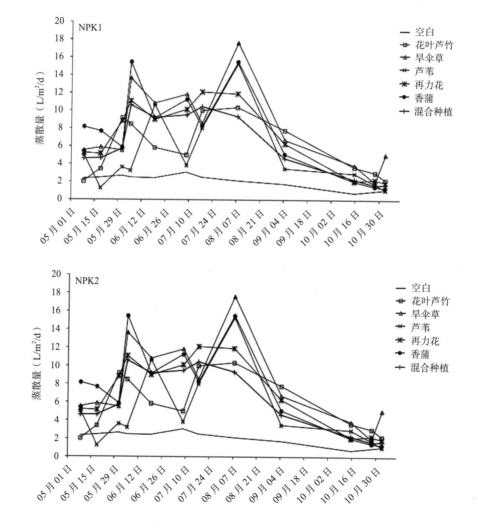

图 6-10 不同污染浓度处理下人工湿地系统的水分蒸散量
（注：NPK1 为低营养负荷，NPK2 为高营养负荷，以下图表同）

核算水资源处理总量，系统输入的所有水量（进口加上降水量），水分蒸散损失率约 2%，其中未种植系统的水分蒸散损失率为 0.5%，再力花和混合种植的人工湿地系统最高为 3.0%（图 6-11）。数据说明，水分蒸散量对该系统的影响较小，特别是在植物生长旺盛的夏季，其影响也不大。

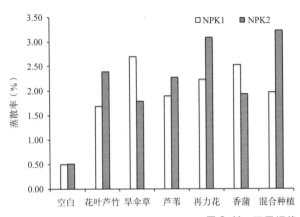

图 6-11　不同污染浓度处理下人工湿地系统的水分蒸散率

4.2.2　水质特征及净化效果

在高、低两种营养浓度处理下，与进水口相比，湿地内水质 COD_{Cr}、BOD_5、总氮、氨氮和总磷发生明显变化（图 6-12）。在植物生长早期（5 月），各项指标变化差别不大，然后变得更加高效且趋于稳定。在低营养浓度处理下，出水口的水质中 COD_{Cr} 低于 13mg/L，BOD_5 低于 1.5mg/L，总氮低于 3.0mg/L，氨氮低于 1.5mg/L，总磷低于 1.0mg/L；高营养浓度处理下，出水口的水质中 COD_{Cr} 低于 12mg/L，BOD_5 低于 2.0mg/L，总氮低于 5.0mg/L，氨氮低于 3.5mg/L，总磷低于 1.0mg/L。

相比于低营养浓度处理，高营养浓度处理的效果均较高。在未种植植物的湿地床，氮素去除率为 50%～65%，而植物种植系统中的氮素去除率在低营养浓度处理下为 60%～80%，高营养浓度处理下为 80%～90%；在低营养浓度处理下，7 月开始，出水口磷浓度在 0.3mg/L 到 1.3mg/L 之间，尤其是再力花和风车草湿地系统处理效果更好，出水口磷浓度在 0.2mg/L 到 0.5mg/L 之间；高浓度处理下的处理效果更好（图 6-13）。

4.2.3　水质沿程变化

（1）总氮去除率

通过比较不同湿地系统对低污染水总氮的沿程去除率发现，低浓度和高浓度下分别为 43.59%～88.14% 和 35.72%～88.16%，表现为芦苇 > 再力花、风车草 > 香蒲 > 花叶芦竹 > 未种植，5 种植物人工湿地分别高出未种植组 27.13%～44.55% 和 12.45%～52.44%（图 6-14）。

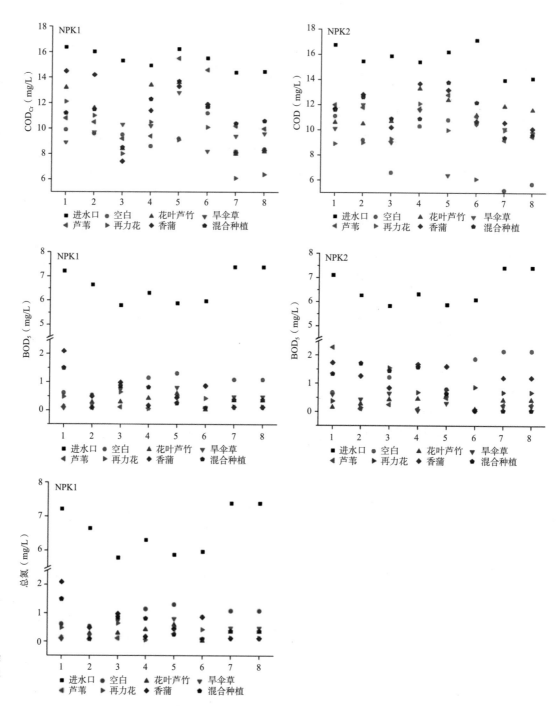

图 6-12 不同污染浓度处理下人工湿地系统水质特征（一）

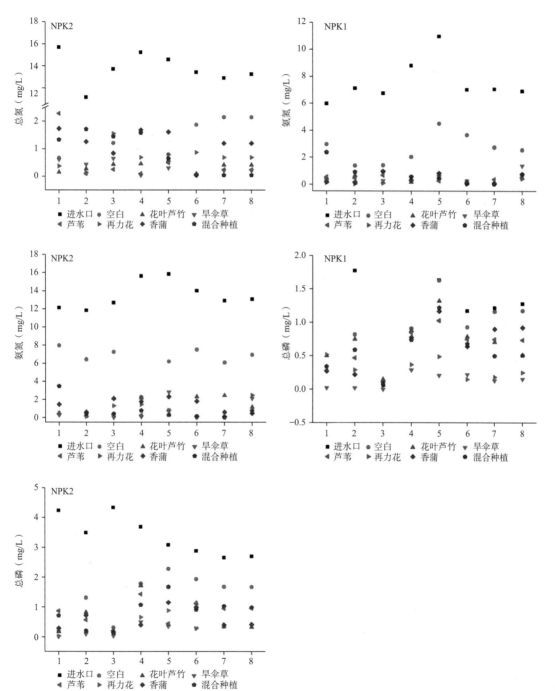

图 6-12　不同污染
浓度处理下人工湿地
系统水质特征（二）

· 171 ·

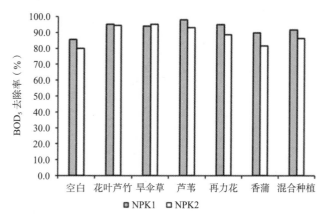

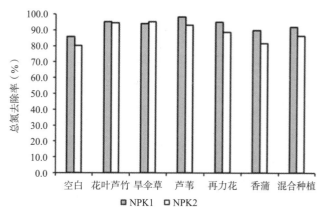

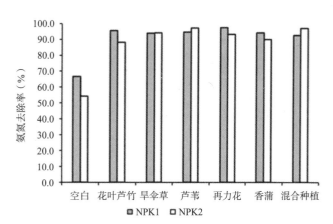

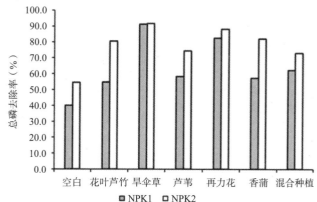

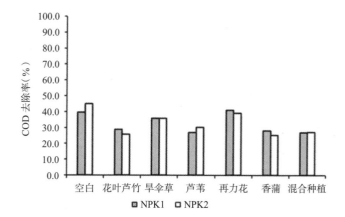

图 6-13 不同污染
浓度处理下人工湿地
系统水质净化效果

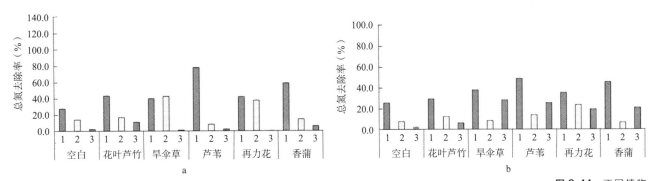

图 6-14　不同植物湿地总氮去除率沿程变化
（注：1，2，3 分别表示 1/3 段、2/3 段和 3/3 段，a 为低浓度，b 为高浓度，以下图同）

处理低浓度污水时，6 个潜流湿地对总氮去除率呈沿程下降趋势，芦苇、香蒲和花叶芦竹湿地前 1/3 段去除率分别达到 77.95%、58.53%、43.13%；风车草和再力花湿地前 2/3 段都有很高的总氮去除率，累计分别为 82.16% 和 79.25%（图 6-14a）。处理高浓度污水时，未种植组、花叶芦竹和再力花湿地对总氮去除率呈沿程下降趋势，前 1/3 段去除率分别达到 25.53%、29.33% 和 35.43%；芦苇、香蒲和风车草湿地在中段去除率最低，呈现"U"形变化趋势，3 种湿地去除率最高处均位于前 1/3 段，分别达到 48.66%、45.46% 和 37.76%（图 6-14b）。

（2）氨氮去除率

通过比较不同湿地系统对低污染水氨氮的沿程去除率发现，低浓度和高浓度下分别为 42.45% ~ 99.00% 和 25.53% ~ 95.42%，表现为芦苇 > 再力花、风车草 > 香蒲 > 花叶芦竹、未种植，5 种植物人工湿地分别高出未种植组 45.17% ~ 56.56% 和 –3.16% ~ 66.74%（图 6-15）。

处理低浓度污水时，未种植组、花叶芦竹、芦苇和再力花湿地对氨氮去除率呈沿程下降趋势，前 1/3 段分别达到 39.56%、37.70%、98.90% 和 66.36%；香蒲湿地前 1/3 段的氨氮去除率高达 70.16%；风车草湿地 2/3 段氨氮去除率略高于 1/3 段，累计为 95.44%（图 6-15a）。处理高浓度污水时，未种植组湿地氨氮去除率呈沿程下降趋势；风车草和再力花湿地在 1/3 段去除率最低，呈现"U"形变化趋势，近出水口段去除率最高，分别达到 40.93% 和 42.46%；花叶芦竹湿地氨氮去除率呈沿程上升趋势，近出水口段去除率达到 14.39%；香蒲和芦苇湿地 2/3 段氨氮去除率最高，分别为 42.25% 和 22.04%（图 6-15b）。

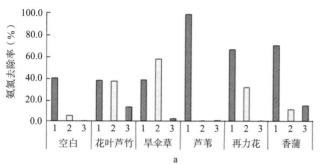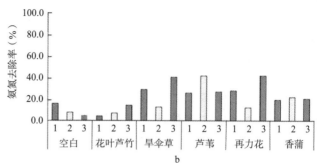

图 6-15 不同植物湿地
氨氮去除率沿程变化

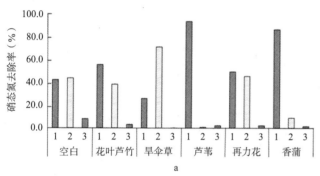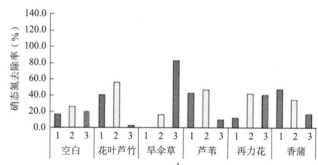

图 6-16 不同植物
湿地硝态氮去除率沿
程变化

（3）硝态氮去除率

通过比较不同湿地系统对低污染水硝态氮沿程去除率发现，低浓度和高浓度下分别为94.60%～97.42%和62.35%～99.00%，大致表现为花叶芦竹、香蒲、芦苇＞再力花＞风车草＞未种植，5种植物人工湿地分别高出未种植组2.19%～2.82%和29.26%～36.65%（图6-16）。

处理低浓度污水时，花叶芦竹、再力花和香蒲湿地的硝态氮去除率呈沿程下降趋势，花叶芦竹、再力花和未种植湿地前2/3段累计分别为94.24%、94.84%和86.28%，香蒲和芦苇湿地1/3段去除率高达86.51%和93.59%，而风车草湿地2/3段的去除率最高，为71.34%（图6-16a）。处理高浓度污水时，风车草湿地呈沿程上升趋势，近出水口去除率达到82.34%；花叶芦竹、芦苇和香蒲湿地硝态氮去除率集中在前2/3段，分别为95.74%、89.06%和81.51%（图6-16b）。

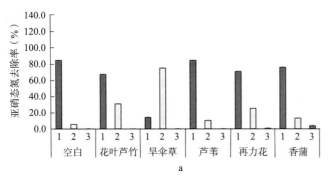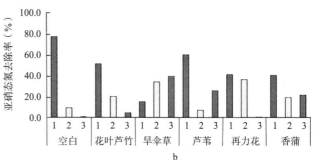

图 6-17　不同植物湿地亚硝态氮去除率沿程变化

（4）亚硝态氮去除率

通过比较不同湿地系统对低污染水亚硝态氮的沿程去除率发现，低浓度和高浓度下分别为 84.56%～97.76% 和 76.15%～92.95%，大致表现为芦苇 > 花叶芦竹、再力花、香蒲、未种植 > 风车草，5 种植物人工湿地分别高出未种植组 -2.45%～10.75% 和 -11.92%～4.88%（图 6-17）。

处理低浓度污水时，未种植、花叶芦竹、芦苇、再力花和香蒲湿地亚硝态氮去除率呈沿程下降趋势，前 1/3 段分别达到 84.60%、67.48%、84.63%、70.88% 和 75.98%，湿地 2/3 段去除率为 5.47%～30.71%；风车草湿地 2/3 段去除率最高，达到 74.90%（图 6-17a）。处理高浓度污水时，未种植、花叶芦竹和再力花湿地亚硝态氮去除率呈沿程下降趋势，风车草湿地呈逐渐增加趋势；芦苇和香蒲湿地在 2/3 段去除率最低，呈 "U"形变化（图 6-17b）。

4.3　湿地床植物选择及配置

氮磷是植物生长的必需元素，也是植物生长的主要限制因子[11]。生物量是表征不同富营养化水体对植物生长影响的最优指标[12]，也是选择水生植物修复污染环境的重要指标[11]。低富营养水平下氮磷浓度限制了水生植物的生长，在一定范围内随着氮磷浓度增加植物生长和生物量积累增加，而在重度富营养化水体中，矿质元素成为植物生长的限制因子[13]。本试验随着湿地床内植物种植距离的增加，5 种挺水植物的株高呈指数或线性下降趋势，单位面积生物量呈指数下降趋势，且出水口植株的根冠比显著高于进水口植株，表明低污染水处理下 5 种挺水植物的株高生长和生物量积累均受到氮磷营养供应的限制。在 5 种植物对水质净化尤其是 N、P 养分消减差异不显著的情况下，种植距离对不同植物的抑制程度存在差异，再力花、旱伞草、芦苇的生物量积累集中在 7m 以内，花叶芦竹和香蒲在 10m 左右都具有较高的生物量，说明前三者较易受到低营养条件的影响。

植物体内的氮磷含量和积累量直接反映了其对营养物质的吸收和去除能力 [14, 15]，因而收割植物成为去除人工湿地系统中营养物质的一种有效方法 [13, 16]。本试验 5 种挺水植物的氮磷积累量随着种植距离的增加呈指数下降趋势，这与生物量的积累和植株体内养分含量有关。在进水口处，水体氮磷含量相对较高，维持了较高的生物产量和植株氮磷浓度；而随着植物吸收和根系过滤氮磷不断下降，株高和生物量呈指数下降，植株体内的氮磷浓度也降低，呈现出氮磷积累量的指数下降关系。比较 5 种挺水植物移除氮磷的能力，从移除总量上可以认为总氮的大小顺序为：旱伞草 > 芦苇 > 再力花 > 花叶芦竹 > 香蒲，总磷的大小顺序为：旱伞草 > 再力花 > 芦苇 > 花叶芦竹 > 香蒲；但从累计比例来看，两者积累效率大小顺序均为芦苇 > 再力花 > 旱伞草 > 花叶芦竹 > 香蒲。

湿地植物既可以通过自身组织直接吸收污染水体的氮，也可以通过形成根际周围好氧、厌氧区域有利于微生物的硝化 - 反硝化作用，促进氮的转化去除 [17]。该研究中未种植、花叶芦竹、芦苇、再力花和香蒲处理总氮为 10mg/L 以下低浓度污水时，总氮、氨氮、硝态氮和亚硝态氮沿程去除率总体呈下降趋势，尤其是芦苇在 1/3 段即达到了 77.95% 的去除率，而旱伞草 2/3 段氮素去除率均最高，这与张彩莹等 [18]、栾晓丽等 [19] 研究结果一致。除芦竹外，其他 4 种植物湿地总氮基本达到《地表水环境质量标准》（GB 3838-2002）Ⅳ类水的标准；芦苇、再力花、旱伞草湿地出水氨氮达到Ⅰ类水标准，香蒲湿地出水氨氮达到Ⅱ类水标准，芦竹湿地出水氨氮达到Ⅲ类水标准。而从植物生长来看，从生物量积累来看，再力花、旱伞草、芦苇的累计生物量积累在 2m 处已占湿地床总生物量的 51.5%、49.6% 和 54.4%，分别至 7m、9m 和 7m 处时累计生物量积累已占到 90% 以上；花叶芦竹、香蒲的累计生物量在 5m 处占到 50% 以上，分别至 10m、11m 处时累计生物量占到 90.2% 和 92.7%[20]。处理总氮为 20mg/L 的低浓度污水时，总氮、氨氮、硝态氮和亚硝态氮沿程去除率基本呈现前端去除效率高，中部略有降低，后部又有所上升，这与王伟涛 [21] 研究结果一致。5 种植物湿地出水总氮均达到《城镇污水处理厂污染物排放标准》（GB 18918-2002）一级 A 标准。除芦竹湿地外，其他 4 种植物湿地出水氨氮达到一级 A 标准，其整个湿地床植物生长表现良好。

研究表明处理低污染水的人工湿地中，植物吸收对去除氮磷等营养物质具有重要作用，需要选择高 N、P 积累量物种[14, 22]。本试验表明，更应该选择具有高氮磷积累效率的物种，如芦苇、再力花可以在靠近入水口处具有较高生物量积累量和氮磷积累效率。因此，在潜流湿地床距离不变的情况下，为提高植物的氮磷利用效率和去除能力，前段应种植芦苇、再力花、旱伞草等氮磷高效积累的植物，后段可种植花叶芦竹和香蒲等较耐受贫营养水质的植物。在营建植物直接种植于砾石填料且水力负荷为 2.0m³/（m²·h）的湿地床时，应综合考虑植物的生长效果和沿程脱氮效率，处理总氮为 10mg/L 左右的低浓度污水时，种植芦苇和香蒲的湿地床 5m 左右为宜，种植花叶芦竹、旱伞草、再力花的湿地床以 9m 左右为宜。处理总氮为 20mg/L 左右的低浓度污水时，芦苇、香蒲、旱伞草和再力花的种植长度至少为 13m，均可以使湿地出水达到一级 A 标准，芦苇为最佳选择。

参考文献

[1] Brisson J，Chazarenc F.Maximizing pollutant removal in constructed wetlands：Should we pay more attention to macrophyte species selection?[J].Science of the Total Environment，2009，407：3923-3930.

[2] Geller G. Horizontal subsurface flow systems in the German speaking countries：summary of long term scientific practical and experiences，recommendations[J].Water Science and Technology，1997，35：157-166.

[3] Breen PE. A mass balance method for assessing the potential of artificial wetlands for wastewater treatment[J]. Water Research，1991，24：689-697.

[4] Rogers KH，Breena J，Chick AJ. Nitrogen removal in experimental wetland treatment systems：evidence for the role of aquatic plants[J].Research Journal of the Water Pollution Control Federation，1991，63：934-941.

[5] Kadlec RH，Tanner CC，Hally VM，et al. Nitrogen spiraling in subsurface-flow constructed wetlands：implications fortreatment response[J]. Ecological Engineering，2005，25：365-381.

[6] Vincent G，Shang KK，Zhang GW，et al. Plant growth and nutrient uptake in treatment wetlands for water with low pollutant concentration[J]. Water Science and Technology，2018，77：1072-1078.

[7] 李燕，王丽卿，张瑞雷 .5 种沉水植物死亡分解过程中氮磷营养物质的释放 [J]. 上海环境科学，

2008，27（2）：8-72.

[8] 余红兵，杨知建，肖润林，等.水生植物的氮磷吸收能力及收割管理研究 [J]. 草业科学，2013，22（1）：294-299.

[9] Braskerud BC. Factors affecting phosphorus retention in small constructed wetlands treating agricultural Non-Point source pollution[J]. Ecological Engineering，2002，19：41-61.

[10] Conveney MF，Stites DL，LOWE EF，et al. Nutrient removal from eutrophic lake water by wetland filtration[J]. Ecological Engineering，2002，19：141-159.

[11] 温闪闪，刘芳.水生植物对污染水体修复的研究进展 [J]. 净水技术，2014，33（4）：9-13.

[12] 刘利华，郭雪艳，达良俊，等.不同富营养化水平对挺水植物生长及氮磷吸收能力的影响 [J]. 华东师范大学学报（自然科学版），2016，（6）：39-45，72.

[13] 葛滢，常杰，王晓钥，等.两种程度富营养化水中不同植物生理生态特性与净化能力的关系 [J]. 生态学报，2000，20（6）：1051-1055.

[14] 蒋跃平，葛滢，岳春雷，等.轻度富营养化水人工湿地处理系统中植物的特性 [J]. 浙江大学学报（理学版），2005，32（3）：309-313.

[15] Zhu N W，An P，Krishnakumar B，et al. Effect of plant harvest on methane emission from two constructed wetlands designed for the treatment of wastewater[J]. Journal of Environmental Management，2007，85：936-943.

[16] 尹炜，李培军，裘巧俊，等.植物吸收在人工湿地去除氮、磷中的贡献 [J]. 生态学杂志，2006，25（2）：218-221.

[17] 张雨葵，杨扬，刘涛.人工湿地植物的选择及湿地植物对污染河水的净化能力 [J]. 农业环境科学学报，2006，25（5）：1318-1323.

[18] 张彩莹，王岩，王妍艳.潜流人工湿地中污染物浓度的沿程变化及垂向分布 [J]. 环境污染与防治，2017，39（10）：1111-1116.

[19] 栾晓丽，王晓，赵钰，等.复合垂直流与潜流人工湿地沿程脱氮除磷对比研究 [J]. 环境污染与防治，2009，31（11）：26-29.

[20] 商侃侃，张国威，万吉尔.潜流人工湿地处理低污染水对植物生长的影响 [J]. 净水技术，2018，37（9）：120-125.

[21] 王伟涛.水平潜流人工湿地脱氮性能研究 [J]. 电力环境保护，2008，24（2）：30-33.

[22] 金卫红，付融冰，顾国维.人工湿地中植物生长特性及其对 TN 和 TP 的吸收 [J]. 环境科学研究，2007，20（3）：75-80.

附表 1　上海辰山植物园特殊水生园水生植物应用名录

序号	中文名	拉丁名	科属	种植区域
1	花叶美人蕉	*Canna generalis* 'Striatus'	美人蕉科	A
2	再力花	*Thalia dealbata*	竹芋科	A
3	萍蓬草	*Nuphar pumilum*	睡莲科	A
4	梭鱼草	*Pontederia cordata*	雨久花科	A
5	白花梭鱼草	*Pontederia cordata* var.*alba*	雨久花科	A
6	紫叶美人蕉	*Canna warscewiezii*	美人蕉科	A
7	黄花美人蕉	*Canna indica* var. *flava*	美人蕉科	A
8	旱伞草	*Cyperus alternifolius*	莎草科	A
9	千屈菜	*Lythrum salicaria*	千屈菜科	A
10	三白草	*Saururus chinensis*	三白草科	A
11	香菇草	*Hydrocotyle vulgaris*	伞形科	A
12	密花千屈菜	*Lythrum sp.*	千屈菜科	A
13	矮生美人蕉	*Canna sp.*	美人蕉科	A
14	猪毛草	*Scirpus wallichii*	莎草科	A
15	纸莎草	*Cyperus papyrus*	莎草科	A
16	大花美人蕉	*Canna generalis*	美人蕉科	A
17	金棒花	*Orontium aquaticum*	天南星科	A
18	中华水韭	*Isoetes sinensis*	水韭科	B
19	水稻	*Oryza sativa*	禾本科	B
20	宽叶泽苔草	*Caldesia grandis*	泽泻科	B
21	广东惠来野生稻	*Oryza rufipogon*	禾本科	B
22	互花米草	*Spartina alterniflora*	禾本科	B
23	海三稜藨草	*Scirpus×mariqueter*	莎草科	B
24	红莲子草	*Alternanthera paronychiodies*	苋科	B
25	凤眼莲	*Eichhornia crassipes*	雨久花科	B
26	大藻	*Pistia stratiotes*	天南星科	B
27	茶菱	*Trapella sinensis*	菱科	C
28	细果野菱	*Trapa maximowiczii*	菱科	C

序号	中文名	拉丁名	科属	种植区域
29	水鳖	*Hydrocharis dubia*	水鳖科	C
30	金银莲花	*Nymphoides indica*	睡菜科	C
31	冠菱	*Trapa litwinowii*	菱科	C
32	黄花水龙	*Ludwigia peploides*	柳叶菜科	C
33	野菱	*Trapa incisa*	菱科	C
34	莼菜	*Brasenia schreberi*	睡莲科	C
35	荇菜	*Nymphoides peltatum*	睡菜科	C
36	睡菜	*Menyanthes trifoliata*	睡菜科	C
37	欧亚萍蓬草	*Nuphar luteum*	睡莲科	C
38	水金莲花	*Nymphoides aurantiacum*	睡菜科	C
39	丘角菱	*Trapa tuberelifera*	菱科	C
40	水皮莲	*Nymphoides cristatum*	睡菜科	C
41	红菱	*Trapa bicornis*	菱科	C
42	粉绿狐尾藻	*Myriophyllum aquaticum*	小二仙草科	D
43	轮藻 03	*Chara baunii cv.*	轮藻科	D
44	水马齿	*Callitriche palustris*	水马齿科	D
45	单果眼子菜	*Potamogeton acutifolius*	眼子菜科	D
46	环囊轮藻	*Chara baunii*	轮藻科	D
47	草茨藻	*Najas graminea*	茨藻科	D
48	轮藻 02	*Chara baunii cv.*	轮藻科	D
49	眼子菜	*Potamogeton distincus*	眼子菜科	D
50	海菜花	*Ottelia acuminata*	水鳖科	D
51	多孔茨藻	*Najas foveolata*	茨藻科	D
52	弯果茨藻	*Najas ancistrocarpa*	茨藻科	D
53	轮藻 01	*Chara baunii cv.*	轮藻科	D
54	金鱼藻	*Ceratophyllum demersum*	金鱼藻科	D
55	小茨藻	*Najas minor*	茨藻科	D
56	扭叶眼子菜	*Potamogeton perfoliatus×Potamogeton wrightii*	眼子菜科	D
57	扁茎眼子菜	*Potamogeton filiformis* var. *applanatus*	眼子菜科	D

续表

序号	中文名	拉丁名	科属	种植区域
58	丝叶眼子菜	*Potamogeton filiformis*	眼子菜科	D
59	澳古茨藻	*Najas oguraensis*	茨藻科	D
60	水蕴草	*Egeria densa*	水鳖科	D
61	篦齿眼子菜	*Potamogenton pectinatus*	眼子菜科	D
62	菹草	*Potamogeton crispus*	眼子菜科	D
63	黑藻	*Hydrilla verticillata*	水鳖科	D
64	微齿眼子菜	*Potamogenton maackianus*	眼子菜科	D
65	苦草	*Vallisneria natans*	水鳖科	D
66	芡实	*Euryale ferox*	睡莲科	E
67	莼菜	*Brasenia schreberi*	睡莲科	E
68	茭白	*Zizania latifolia*	禾本科	E
69	少花荸荠	*Heleocharis pauciflora*	莎草科	E
70	羽毛荸荠	*Heleocharis wichurai*	莎草科	E
71	慈姑	*Sagittaria trifolia* var. *sinensis*	泽泻科	E
72	箭叶慈姑	*Sagittaria sagittifolia*	泽泻科	E
73	泽泻	*Alisma plantago-aquatica*	泽泻科	E
74	武夷慈姑	*Sagittaria wuyiensis*	泽泻科	E
75	水蕹菜	*Ipomoea aquatica*	旋花科	E
76	水芹	*Oenanthe javanica*	伞形科	E
77	鸭舌草	*Monochoria vaginalis*	雨久花科	E
78	蕺菜	*Houttuynia cordata*	三白草科	E
79	花叶蕺菜	*Houttuynia cordata* 'Chameleon'	三白草科	E
80	水薄荷	*Menthaaquatica*	唇形科	E
81	紫芋	*Colocasia tonoimo*	天南星科	E
82	海芋	*Alocasia macrorrhiza*	天南星科	E
83	三水槟榔芋	*Colocasia esculenta* cv.	天南星科	E
84	细线芋	*Colocasia esculenta* cv.	天南星科	E
85	多头芋	*Colocasia esculenta* cv.	天南星科	E
86	小香芋	*Colocasia esculenta* cv.	天南星科	E

续表

序号	中文名	拉丁名	科属	种植区域
87	水生薹草	*Carex sp.*	莎草科	F
88	花叶蒲苇	*Carex oshimensis* 'Evergold'	莎草科	F
89	条穗薹草	*Carex nemostachys*	莎草科	F
90	翼果薹草	*Carex neurocarpa*	莎草科	F
91	大叶薹草	*Carex pendula*	莎草科	F
92	三轮草（三棱莎草）	*Cyperus orthostachyus*	莎草科	F
93	芦苇	*Phragmites australis*	禾本科	F
94	芦竹	*Arundo donax*	禾本科	F
95	欧洲芦荻	*Phragmites australis* var. *variagatus*	禾本科	F
96	南荻	*Triarrhena lutarioriparia*	禾本科	F
97	雨草	*Cyperus sp.*	莎草科	F
98	花叶芦苇	*Phragmites australis* 'Variegata'	禾本科	F
99	荻	*Triarrhena sacchariflora*	禾本科	F
100	高杆灯心草	*Juncus sp.*	灯心草科	F
101	花叶芦竹	*Arundo donax* var. *versicolor*	禾本科	F
102	花叶水葱（横条纹）	*Schoenoplectus tabernaemontani* 'Variegata'	莎草科	F
103	花叶水葱（竖条纹）	*Schoenoplectus tabernaemontani* 'Variegata'	莎草科	F
104	日本慈姑 1	*Sagittaria sp.*	泽泻科	G
105	宽叶泽薹草	*Caldesia grandis*	泽泻科	G
106	利川慈姑	*Sagittaria lichuanensis*	泽泻科	G
107	华夏慈姑	*Sagittaria trifolia* subsp. *leucopetala*	泽泻科	G
108	日本慈姑 2	*Sagittaria sp.*	泽泻科	G
109	野慈姑	*Sagittaria trifolia*	泽泻科	G
110	泽苔草	*Caldesia parnassifolia*	泽泻科	G
111	泽泻	*Alisma plantago-aquatica*	泽泻科	G
112	欧洲慈姑	*Sagittarias agittifolia*	泽泻科	G
113	东方泽泻	*Alisma orinentale*	泽泻科	G
114	睡莲'查兰娜斯创'	*Nymphaea* 'ChariesThomas'	睡莲科	H
115	墨西哥黄睡莲	*Nymphaea mexicanacv.*	睡莲科	H

附表 2　上海辰山植物园旱溪花镜植物应用名录

序号	名称	拉丁名	科	属
1	小兔子狼尾草	*Pennisetum alopecuroides cv. 'Little Bunny'*	禾本科	狼尾草属
2	金叶薹草	*Carex 'Evergold'*	莎草科	薹草属
3	木贼	*Hippochaete hiemale*	木贼科	木贼属
4	小盼草	*Chasmanthium latifolium*	禾本科	禾木属
5	'粉香槟'澳洲朱蕉	*Codyline australis 'Pink Champagne'*	天门冬科	朱蕉属
6	蓝羊茅	*Festuca glauca*	禾本科	羊茅属
7	须芒草	*Andropogon yunnanensis*	禾本科	须芒草属
8	'黑龙'编穗沿阶草	*Ophiopogon bodinieri*	百合科	沿阶草属
9	柔软丝兰品种	*Yucca smalliana*	百合科	丝兰属
10	紫球荷兰菊	*Aster novi-belgii*	菊科	紫菀属
11	胭脂红景天	*Sedum spurium cv.Coccineum*	景天科	景天属
12	大花秋葵	*Hibiscus moscheutos*	锦葵科	木槿属
13	松果菊	*Echinacea purpurea*	菊科	松果菊属
14	蛇鞭菊	*Liatris spicata*	菊科	蛇鞭菊属
15	玫红筋骨草	*Ajuga ciliata*	唇形科	筋骨草属
16	'卡尔'拂子茅	*Calamagrostis epigeios*	禾本科	拂子茅属
17	粉黛乱子草	*Muhlenbergia capillaris*	禾本科	乱子草属
18	千叶蓍	*Achillea milleflium*	菊科	蓍草属
19	银线蒲	*Acorus calamus*	菖蒲科	菖蒲属
20	金线蒲	*Acorus gramineus*	菖蒲科	菖蒲属
21	'无尽夏'绣球	*Endless Summer*	虎耳草科	绣球属
22	重金属柳枝稷	*Panicum virgatum*	禾本科	黍属
23	金边凤尾丝兰	*Yucca gloriosa*	天门冬科	丝兰属
24	'泽薹草'鲍尔斯金	*Caldesia parnassifolia*	莎草科	泽薹草属
25	火焰南天竹	*Nandina domestica 'Firepower'*	小檗科	南天竹属
26	紫穗狼尾草	*Pennisetum alopecuroides*	禾本科	狼尾草属
27	常夏石竹	*Dianthus plumarius*	石竹科	石竹属
28	'卡尔'拂子茅	*Calamagrostis epigeios*	禾本科	拂子茅属

序号	名称	拉丁名	科	属
29	'矮'蒲苇	*Cortaderia selloana* 'Pumila'	禾本科	蒲苇属
30	宿根天人菊	*Gaillardia aristata*	菊科	天人菊属
31	西洋滨菊	*Leucanthemum maximum*	菊科	滨菊属
32	花叶蔓长春	*Vinca major cv. Variegata*	夹竹桃科	蔓长春花属
33	随意草	*Physostegia virginiana*	唇形科	随意草属
34	细茎针茅	*Nassella tenuissima*	禾本科	针茅属
35	'白卷发'发状薹草	*Carex parva*	莎草科	薹草属
36	'谢楠多'柳枝稷	*Panicum virgatum*	禾本科	稷属
37	婆婆纳	*Veronica didyma*	车前科	婆婆纳属
38	大花金鸡菊	*Coreopsis grandiflora*	菊科	金鸡菊属
39	蓝刚草	*Sorghastrum nutans*	禾本科	禾本属
40	千叶兰	*Muehlenbeckiacomplexa*	蓼科	千叶兰属
41	山桃草	*Gaura lindheimeri*	柳叶菜科	山桃草属
42	火星花	*Crocosmia crocosmiflora*	鸢尾科	火星花属
43	银边麦冬	*Ophiopogon jaburan Argenteivittatus*	百合科	沿阶草属
44	银边芒	*Miscanthus sinensis* var. *Variegatus*	禾本科	芒属
45	'黑龙'编穗沿阶草	*Ophiopogon bodinieri*	百合科	沿阶草属
46	垂盆草	*Sedumsarmentosum*	景天科	佛甲草属

附表 3　上海辰山植物园景观水体水生植物应用名录

序号	种类	拉丁名	科	属	生长型
		挺水植物			
1	水薄荷	*Mentha canadaensis*	唇形科	薄荷属	草本型
2	菰	*Zizania latifolia*	禾本科	菰属	禾草型
3	芦苇	*Phragmites australis*	禾本科	芦苇属	禾草型
4	花叶芦苇	*Phragmites australis cv.Variegata*	禾本科	芦苇属	禾草型
5	花叶芦竹	*Arundo donax* var. *versicolor*	禾本科	芦竹属	禾草型
6	芦竹	*Arundo donax*	禾本科	芦竹属	禾草型
7	南荻	*Miscanthus lutarioriparius*	禾本科	芒属	禾草型
8	荻	*Miscanthus sacchariflorus*	禾本科	芒属	禾草型
9	薏苡	*Coix lacryma-jobi*	禾本科	薏苡属	禾草型
10	花蔺	*Butomus umbellatus*	花蔺科	花蔺属	禾草型
11	虎杖	*Polygonum cuspidatum*	蓼科	蓼属	禾草型
12	美人蕉	*Canna indica*	美人蕉科	美人蕉属	禾草型
13	花叶美人蕉	*Cannaceae generalis cv.* 'Striatus'	美人蕉科	美人蕉属	禾草型
14	千屈菜	*Lythrum salicaria*	千屈菜科	千屈菜属	禾草型
15	三白草	*Saururus chinensis*	三白草科	三白草属	草本型
16	香菇草	*Hydrocotyle verticillata*	伞形科	天胡荽属	禾草型
17	水葱	*Scirpus validus*	莎草科	藨草属	禾草型
18	猪毛草	*Schoenoplectus wallichii*	莎草科	藨草属	禾草型
19	风车草	*Cyperus altemifolius*	莎草科	莎草属	禾草型
20	菖蒲	*Acorus calamus*	天南星科	菖蒲属	禾草型
21	水烛	*Typha angustifolia*	香蒲科	香蒲属	禾草型
22	香蒲	*Typha minima*	香蒲科	香蒲属	禾草型
23	灯心草	*Juncus effuses*	心草科	心草属	禾草型
24	梭鱼草	*Pontederia cordata*	雨久花科	梭鱼草属	慈姑型
25	雄黄兰	*Crocosmia crocosmiflora*	鸢尾科	雄黄兰属	禾草型
26	鸢尾	*Iris tectorum*	鸢尾科	鸢尾属	禾草型
27	黄菖蒲	*Iris pseudacorus*	鸢尾科	鸢尾属	禾草型
28	马蔺	*Iris lactea* var. *chinensis*	鸢尾科	鸢尾属	禾草型

续表

序号	种类	拉丁名	科	属	生长型
29	金叶黄菖蒲	*Iris pseudacorus cv.*	鸢尾科	鸢尾属	禾草型
30	爆米花慈姑	*Sagittaria montevidensis*	泽泻科	慈姑属	慈姑型
31	泽泻	*Adisma orientale*	泽泻科	泽泻属	慈姑型
32	再力花	*Thalia dealbata*	竹芋科	再力花属	禾草型
33	荷花	*Nedumbo nucifera*	莲科	莲属	睡莲型
34	喜旱莲子草	*Alternanthera philoxeroides*	苋科	莲子草属	禾草型
浮叶植物					
35	四角刻叶菱	*Trapa incisa* var. *sieb*	菱科	菱属	菱型
36	荇菜	*Nymphoides peltata*	睡菜科	莕菜属	莕菜型
37	苹	*Marsilea quadrifolia*	苹科	苹属	苹型
38	水鳖	*Hydrocharis dubia*	水鳖科	水鳖属	水鳖型
39	芡实	*Euryale ferox*	睡莲科	芡属	睡莲型
40	睡莲	*Nymphaea tetragona*	睡莲科	睡莲属	睡莲型
41	萍蓬草	*Nuphar pumilum*	睡莲科	萍蓬草属	睡莲型
42	王莲	*Victoria regia*	睡莲科	王莲属	睡莲型
43	粉绿狐尾藻	*Myriophyllum aquaticum*	小二仙草科	狐尾藻属	狐尾藻型
漂浮植物					
44	满江红	*Azolla imbricata*	满江红科	满江红属	浮萍型
45	槐叶萍	*Salvinia natans*	槐叶苹科	槐叶苹属	槐叶萍型
46	浮萍	*Lemna minor*	浮萍科	浮萍属	浮萍型
沉水植物					
47	大茨藻	*Najas marina*	茨藻科	茨藻属	小眼子菜型
48	草茨藻	*Najas graminea*	茨藻科	茨藻属	小眼子菜型
49	金鱼藻	*Ceratophyllum demersum*	金鱼藻科	金鱼藻属	金鱼藻型
50	梅花藻	*Batrachium trichophyllum*	毛茛科	水毛茛属	小眼子菜型
51	苦草	*Vallisneria natans*	水鳖科	苦草属	苦草型
52	黑藻	*Hydrilla vertieillata*	水鳖科	黑藻属	小眼子菜型
53	伊乐藻	*Elodea canadensis*	水鳖科	伊乐藻属	苦草型
54	马来眼子菜	*Potamogeton malaianus*	眼子菜科	眼子菜属	小眼子菜型
55	菹草	*Potamogeton crispus*	眼子菜科	眼子菜属	大眼子菜型

后 记

　　本书拟稿始于 2018 年完成上海市绿化和市容管理局科研专项时，著者及研究团队对辰山植物园景观水体立体维护系统进行了深入研究和后评估。期间，翻阅整理了《上海辰山植物园营建关键技术研究》《上海辰山植物园水景观维护工程初步设计》《上海辰山植物园景观绿化建设》等资料，终于在 2021 年初完成结稿。

　　上海辰山植物园水景观设计始于 2008 年，景观水体立体维护系统于 2010 年建成运行，至 2018 年完成"上海辰山植物园水土污染修复的植物选择与性能分析"科研项目，整整经历 10 年。从海绵城市的角度，系统梳理了项目的规划设计、营建施工技术及其建设后评估和优化提升措施，可为同类型城市公园绿地的开发利用提供模板，更是基于自然的解决方案在特大型城市生态建设中的成功应用。

　　至此，本书撰写完成，感谢在研究和撰写过程中来自各方面的帮助和支持。感谢在前期规划与建设阶段付出的各位领导和前辈，他们是上海市绿化和市容管理局方岩副局长，上海辰山植物园的黄卫昌、梅志刚、马其侠，上海市政工程设计研究总院（集团）有限公司张辰、邹伟国、卢峰、王国华，上海园林（集团）公司及子公司的张勇伟、范善华、秦启宪、朱卫峰等。感谢项目后评估研究阶段参与调查分析、实验测试和论文撰写的团队成员，他们是蒙特利尔大学 Jacques Brisson 教授、国际水协人工湿地专家委员会秘书 Florent Chazarenc 博士，上海辰山植物园园长特别顾问 Gilles Vincent 先生以及张国威、屠莉、肖迪、蔡云鹏、杨庆华、杨永弟等，参与项目的研究生和实习生倪田品、宋凝宁、许媛媛、沈月、方洋洋、周梦琦等，上海市环境科学研究院陈小华博士。

　　感谢上海市建委重点科研项目"上海辰山植物园营建关键技术研究（重科 2008-003）"和上海市绿化和市容管理局科研专项"上海辰山植物园水土污染修复的植物选择与性能分析（G152426）"的资助和支持。

　　感谢中国建筑工业出版社滕云飞编辑的辛勤付出，促成了本书的顺利完成。